安全生产监管与责任追究研究

吴佳熹 著

吉林科学技术出版社

图书在版编目(CIP)数据

安全生产监管与责任追究研究 / 吴佳熹著 . -- 长春：吉林科学技术出版社 , 2023.5
ISBN 978-7-5744-0385-7

Ⅰ . ①安… Ⅱ . ①吴… Ⅲ . ①安全生产 – 监管制度 – 研究 – 中国 Ⅳ . ① X924

中国版本图书馆 CIP 数据核字（2023）第 092829 号

安全生产监管与责任追究研究

著	吴佳熹
出 版 人	宛 霞
责任编辑	程 程
封面设计	长春美印图文设计有限公司
制 版	长春美印图文设计有限公司
幅面尺寸	170mm×240mm
开 本	16
字 数	224 千字
印 张	12.125
印 数	1-1500 册
版 次	2023 年 5 月第 1 版
印 次	2024 年 1 月第 1 次印刷

出 版	吉林科学技术出版社
发 行	吉林科学技术出版社
地 址	长春市南关区福祉大路5788号出版大厦A座
邮 编	130118
发行部电话/传真	0431-81629529　81629530　81629531
	81629532　81629533　81629534
储运部电话	0431-86059116
编辑部电话	0431-81629510
印 刷	廊坊市印艺阁数字科技有限公司

书 号	ISBN 978-7-5744-0385-7
定 价	74.00 元

版权所有 翻印必究 举报电话：0431—81629508

前　言

安全生产与人民的根本利益切身相关，关系到社会改革发展和稳定的大局。近年来，随着安全生产工作的不断推进，安全生产责任追究也得到国家的高度重视，作为一种新的制度，运行过程中难免会出现一些问题，对这些问题的科学性、机制性、策略性进行有序探讨和重构，是当前的重要课题。

本书以安全发展观为指导，以责任追究为主视角，全书共划分为七个章节。第一章对安全生产监管基本概念与内涵、构成要素、结构模式、分类、特征进行了详细的概述。第二章阐述了安全生产监管的重点，包括安全生产的责任使命、监管依据、监管要素。第三章提出了安全监管方式的优化，如逆向性监管、一体化监管、网格化监管等。第四章概述了安全生产责任追究基本理论，包括其基本内涵、特征、价值意义、原则、基本形式。第五章分析了安全生产责任追究的关键，即履职行为表现、行为结果分析、主观表现。第六章探讨了安全生产责任追究的创新方式，如健全责任追究制度、深化责任追究文化、规范责任追究运行程序、建立科学的容错机制等。第七章对安全生产监管的有效性进行研究。

本书引入了大量实践性较强的案例，这些案例富有时代气息，贴近读者生活实际，读者在数分钟内读完后，可将自身的认知基础与案例联系起来，进行拓展性思考，提高分析和解决问题的基本能力，更好地理解监管职业的内涵，全面提升职业素养，以卓有成效地履行监管岗位职责。

安全源自责任，责任成就安全。期望此书的出版对有效改变当前的一些安全监管生态和提升本质安全监管水平，尤其是提振安全生产监管队伍的精神、实现安全生产形势的根本好转有所裨益。

目 录

第一章 安全生产监管基础概述 …………………………………… 1
  第一节 安全生产监管基本概念与内涵 ………………………… 1
  第二节 安全生产监管的构成要素 ……………………………… 9
  第三节 安全生产监管的结构模式 ……………………………… 21
  第四节 安全生产监管的分类 …………………………………… 30
  第五节 安全生产监管的特征 …………………………………… 39

第二章 安全生产监管的重点 ……………………………………… 45
  第一节 安全生产监管的责任使命 ……………………………… 45
  第二节 安全生产监管的依据 …………………………………… 56
  第三节 安全生产监管的要素 …………………………………… 76

第三章 安全生产监管方式的优化 ………………………………… 87
  第一节 前瞻性监管 ……………………………………………… 87
  第二节 逆向性监管 ……………………………………………… 90
  第三节 解剖式监管 ……………………………………………… 93
  第四节 动态化监管 ……………………………………………… 95
  第五节 一体化监管 ……………………………………………… 98
  第六节 循数监管 ………………………………………………… 101
  第七节 循环监管 ………………………………………………… 104
  第八节 网格化监管 ……………………………………………… 106

第四章 安全生产责任追究基本理论 ……………………………… 108
  第一节 责任的基本内涵 ………………………………………… 108
  第二节 安全生产责任追究的特征 ……………………………… 116

第三节	安全生产责任追究的价值意义	120
第四节	安全生产责任追究的原则	123
第五节	安全生产责任追究的基本形式	129

第五章 安全生产责任追究的关键 … 134
第一节 履职行为的表现 … 134
第二节 行为结果分析 … 139
第三节 主观表现 … 141

第六章 安全生产责任追究的创新方式 … 143
第一节 健全责任追究制度 … 144
第二节 深化责任追究文化 … 148
第三节 加强责任追究配套机制 … 153
第四节 规范责任追究运行程序 … 158
第五节 实施责任追究清单 … 160
第六节 建立科学的容错机制 … 163

第七章 安全生产监管的有效性 … 169
第一节 安全生产监管有效性的内涵 … 169
第二节 安全生产监管效益与增值分析 … 176
第三节 安全生产监管有效性的评估 … 179
第四节 提高安全生产监管工作的有效性 … 182
第五节 安全生产监管内部效率的提高 … 184

参考文献 … 187

第一章 安全生产监管基础概述

安全生产监管是安全监督管理部门最重要的任务。笔者经常思考一个问题：什么是安全生产监管？什么是有效的安全生产监管？怎样进行有效的安全生产监管？相信不少的安全生产监管工作者也会想同样的问题，或者都想迫切地知道答案。要回答好这些问题，首先要弄清楚什么是安全生产监管。

安全生产监管的概念和实质内涵，既是经济学和政治学的问题，又是法学和行政学的问题。从行为主义监管理论到认知主义监管理论，再到构建主义监管理论，有关安全生产监管的概念和实质内涵问题的争论从未间断过，对其概念的界定和实质内涵的理解也是观点纷呈。目前，学术界对什么是安全生产监管机构、为什么设立这些监管机构、如何设置监管机构、安全生产监管机构监管什么、如何监管和什么是综合监管、专项监管、行业监管、属地监管、直接监管、间接监管及它们之间有什么关系等基本问题缺乏深入、系统的研究，不能为有效的监管提供有力的理论支持。在此，笔者试图通过比较与综合来揭示安全生产监管的概念和实质内涵，进而明晰安全生产监管的特点。

第一节 安全生产监管基本概念与内涵

一、监管的概念与内涵

（一）监管的概念

监管源自英文 regulation，即指某主体为使某事物正常运转，基于规则，对其进行的控制或调节。我国对 regulation 主要有三种译法："管制""规制"和"监管"。"监管"即监督或监视管理，主要指为保持一定距离、保证事物正常运行而进行监督和控制。"规制"指依据规则所进行的调控和制约。"管制"是依照法律实施的一种限制性管束。显然,"监管"比"管制"的语义更柔和,比"规制"的语义更贴合,我国官方和大众大多用"监管"一词。

日本学者植草益先生在其《微观规制经济学》一书中对一般意义上的监管进行了界定。他认为,通常意义上的规制是指依据一定的规则对构成特定社会的个人和构成特定经济的经济主体的活动进行限制的行为。进行限制的主体有私人和社会公共机构两种形式,由私人进行的规制称为私人规制;由社会公共机构如司法机关、行政机关以及立法机关进行的对私人及经济主体的规制,称为公共规制。我国学者曾国安将监管的一般含义界定为:"管制者基于公共利益或者其他目的依据既有的规则对被管制者的活动进行的限制。"他认为,一般意义上的监管是随着人类社会的产生而产生的,是普遍存在的。

（二）监管的内涵

就监管主体而言,监管者既可以是行政部门。也可以是企业及其他一切非行政部门组织,还可以是个人。根据监管主体的不同,一般意义上的监管可分为行政部门监管和非行政部门监管。行政部门监管包括立法机关的监管、行政机关的监管和司法机关的监管;非行政部门监管除包括植草益先生所列举的父母对子女的监管外,还包括企业及其他一切非行政部门组织对所属成员或者其他相关主体的活动进行的监管。就监管范围来看,行政部门监管的范围包括行政部门对经济活动、政治活动、社会生活领域的监管等。非行政部门监管的范围则限于该组织成员或者相关联的个人和组织在该组织范围内的活动。就监管依据而言,监管依据既可以是国家的法律,也可以是社会规范,还可以是家庭、企业、团体等组织的内部规则。这类一般意义上的监管也被称为广义的监管。

二、专业监管的内涵与分类

专业领域中的监管属于经济学、政治学、法学等领域的专业术语,其内涵和外延不同于一般意义上的监管。《新帕尔格雷夫经济学大辞典》关于监管的解释有两种,一种是罗伯特·博耶的观点,即管制是指通过一些反周期的预算或货币干预手段对宏观经济活动进行调节。另一种解释由美国联邦最高法院大法官斯蒂芬·G.布雷耶和美国著名经济学家保罗·W.麦卡沃伊提出,他们认为:管制指的是行政部门为控制企业的价格、销售和生产决策而采取的各种行动,行政部门公开宣布这些行动是要努力制止不充分重视公共利益的私人决策。美国管理和预算办公室（OMB）则明确指出:"监管是指行政部门行政机构根据法律制定并执行的规章和行为。这些规章或者是一些标准,或者是一些命令,涉及的是个人、企业和其他组织能做什么和不能做什么。监管的目的是解决市场失灵,维持市场经济秩序，促进市场竞争，扩大公共福利。"

OECD（经济合作与发展组织）将监管定义为行政部门对企业、公民以及行政部门自身的一种限制手段，由经济性监管、社会性监管和行政性监管3部分组成，其中经济性监管直接干预企业行为与市场运行，社会性监管维护诸如健康安全、环境保护等社会价值，行政性监管关注行政部门内部的规程与运行机制。在OECD的定义中，监管包括由行政部门授予了监管权力的所有非行政部门、自律组织所颁布的所有法律、法规、正式与非正式条款、行政规章等，是行政部门为保证市场有效运行所做的一切。可见，专业领域中的监管是在市场经济环境中发育，用以矫正和弥补市场失灵的一种行为和过程，其范围仅限于经济活动，不包括政治、社会生活等领域内的监管。这是上述解释的共同点，但具体观点又各有不同。根据对监管主体和监管范围界定的不同，可以将专业领域内的监管分为三种。

（一）广义的监管

英国学者 Laura Macgregor、Tony Prosser 和 Charlotte Villiers 认为，以往对监管的理解过于狭窄，"监管不限于'命令-控制'，也不反对市场，但是为形成和维护市场，监管经常是必要的；监管不一定由行政部门当局进，可以采取私人秩序的形式，公共监管和自我监管之间没有明显区别"。他们认为监管包含三大要素："第一，监管是对经济活动有意识的调整，这一点使之区别于典型的市场秩序。第二，监管与经济活动有关，因此区别于对诸如艺术创造等活动的控制；监管与资源分配有关，但与市场的存在并不矛盾，因为监管可以形成、组织、维护或支持市场。第三，监管将被制度化，当然这并不意味着制度要是国家性质的。不一定需要正式法律，非正式规范同样重要。制度化使监管区别于市场的个人交易。"

这代表了专业领域中广义的监管，即社会公共机构或私人以形成和维护市场秩序为目的，基于法律或社会规范对经济活动进行干预和控制的活动。其监管范围仅限于经济活动，但其监管主体广泛，包括社会公共机构、行业自律组织、私人，其监管依据不仅包括法律，还包括社会规范和企业的内部规章制度等。

（二）狭义的监管

在《微观规制经济学》一书中，植草益先生引用并分析了金泽良雄教授关于公的规制的定义："公的规制，是指在以市场机制为基础的经济体制条件下，以矫正、解决市场机制内在的问题为目的，行政部门干预和干涉经济主体活动的行为。"根据这个定义，监管包括全部与市场失灵相关的法律以及以法律为基础制定的公共政策，既包括宏观经济政策，也包括微观经济政策。这应该被认为是专业领域中狭义的监管的定义。其监管主体仅指行政部门，包括立法机关、司法机关、行政机关，不包括行业自律组织和私人；监管范围涵盖整个经济活动领域，既包括对宏观层面的市场失灵的矫正，也包括对微观经济层面的市场失灵的处理；监管工具既包括财政政策、货币政策、税收政策等宏观经济调节工具，也包括微观经济的监管工具。

（三）最狭义的监管

1. 最狭义的监管概念

美国著名经济学家丹尼尔·F.史普博在其《管制与市场）一书中，分别从经济学、法学和政治学角度对监管的定义进行了详尽的梳理和评述，他认为："管制是由行政机构制定并执行的直接干预市场配置机制或间接改变企业和消费者的供需决策的一般规则或特殊行为"。布雷耶法官则从以下六个主要方面对经典性监管进行了概括：第一，是服务成本定义；第二，以历史为基础的价格监管；第三，以公共利益为标准的资源配置；第四，标准设置；第五，以历史为基础的资源配置；第六，个别审查。植草益先生也将其《微观规制经济学》的研究对象界定为行政部门对微观经济的监管。

这些都代表了专业领域中最狭义的监管概念，即指行政部门行政机构在市场机制的框架内，为矫正市场失灵，基于法律对微观经济活动的一种干预和控制。其监管主体是行政部门行政机构，不包括立法机关和司法机关；监管范围仅限于微观经济领域内的市场失灵，包括行业准入监管、价格监管、质量监管、环境监管、工作场所安全监管等。不包括宏观经济领域的监管；常见的监管手段既有抽象的规则和标准的制定，又有具体的许可、认证、审查和检验、行政契约、强制信息披露以及行政裁决等微观监管，目的是维护公平竞争、公共资源的有效利用、劳动者安全权益的保护以及人类生存环境的保护和改善等。最狭义的监管包括经济性监管和社会性监管。

其中，经济性监管是一种传统的监管形式，是指在自然垄断和存在信息偏差的领域，行政部门行政机构用法律权限，通过许可和认可等手段，对企业的进入和退出等有关行为加以监管。社会性监管是一种新型监管形式，是以保障劳动者和消费者的安全、健康、卫生以及环境保护、防止灾害为目的，对各种活动制定一定标准，并禁止、限制特定行为的监管。

由此可见，专业领域中的监管不同于一般意义上的监管，也不同于计划经济体制下行政部门的全面经济管制。它是在市场机制的框架内，为矫正市场失灵，维护市场秩序，基于规则对经济活动的一种监督和控制。因此，监管要以市场失灵为必要的前提条件，而且监管必须基于透明的规则和合法的程序进行。

2. 专业领域中监管的定义范围

专业领域中监管的三种定义的分歧主要在于监管主体和监管范围的界定方面。在监管主体方面，监管主体是仅限于相关行政部门，还是既包括行政部门，又包括私人？市场经济体制下，行政部门监管与私人监管相互配合、相互补充、协同作战，充分发挥私人监管的作用将在很大程度上减轻行政部门负担，促进行政部门有效监管的实现；但同时，两者在监管权的来源、监管依据、监管工具、监管程序、监管者的监督等方面又存在很大差异。私人监管包括行业组织的监管和企业内部监管机构的监管等，存在很大的局限性，其自身也是行政部门监管的对象。强调行政部门监管是引导和规范私人监管，保证市场经济健康运行的前提。由于公法学主要研究公权力的配置和控制，所以在公法学中谈到监管，如无特殊说明，一般是指行政部门监管。

当然，在研究行政部门监管的同时，也不能忽视非行政部门监管的作用。一般来说，只有在企业自律、行业组织监管不起作用的领域，行政部门监管才能介入。在监管范围方面，监管范围是仅限于微观经济领域，还是既包括微观经济领域又包括宏观经济领域？宏观调控和微观监管是市场经济体制下行政部门的两种主要经济职能，两者之间虽存在着互补关系，但在目标、对象、具体手段、组织结构、运行机制和补救措施等方面存在着明显的差异。如果不加区别地混合使用，就会影响监管机构监管职能的合理定位，造成多重监管目标之间的矛盾，最终导致监管机构功能的紊乱，从而违背监管的初衷。

三、安全生产监管的概念与内涵

安全生产监管即安全生产监督管理，是指行政部门与非行政部门组织以消除安全隐患、维护安全秩序、保障生命和财产安全为目的，基于法律，对生产经营活动进行干预和控制的活动。

这种监管属于专业领域中的监管。它是监管者对在安全生产过程中的安全问题，运用各种有效的资源，进行决策、计划、组织和控制等活动，以实现生产过程中人、机器设备与物料环境的和谐，达到安全生产的目标。主体可以是行政部门、生产经营单位、个人和其他一切非行政部门组织。非行政部门监管的范围限于该组织的成员及与之相关联的个人或社会组织的活动；而行政部门监管的范围不仅包括行政部门组织、生产经营单位，还包括其他一切非行政部门组织及个人。监管的依据，可以是法律法规、社会规范，也可以是各种社会组织和生产经营单位的内部规则。

安全生产监管通过"立法＋生产经营单位治理＋行政部门监管"来维护安全

秩序。自由放任模式，崇尚自由竞争，主张由市场这只无形的手来调节经济主体的经营活动，信奉最小的行政部门、最好的行政部门，行政部门管得越少越好。这是一种消极的行政部门治理模式，对专业性很强的安全事项无能为力。行政部门与生产经营单位是一种伙伴关系，没有生产经营单位的配合，行政部门就无法兑现安全发展的承诺；没有行政部门的规制和监督作用，生产经营单位就无法确保安全。

安全生产监管以市场失灵为必要的前提条件，相对于市场机制，行政部门监管永远是一种次优选择。安全生产监管是一种与市场保持适当距离的外部控制方式，生产经营与监管权是相互分离的，两者保持着一种相对独立的关系。安全生产监管强调规则运作，一般通过明确的法律法规来约束监管机构和受监管者之间的关系，从而实现客观、透明、公正、专业和可问责的监管。

（一）安全生产监管理念

由于工业生产是有组织的社会化分工的大规模生产，因此，现代化的安全生产监管必定是一项分层次有组织的管理活动。具体的安全生产监管，既包括生产经营单位所开展的贴近生产经营的安全生产监管活动，也包括一切依据法律法规，体现安全生产监督制约、规范行为作用的安全生产监察、检查、宣传、惩处等行政监督管理活动。人们通常在理论上将安全生产监管分为微观的安全生产监管和宏观的安全生产监管两大类。

1. 微观的安全生产监管

主要指存在于从事生产、经营活动的企事业单位层面的安全监管。主要的安全监管内容包括企业监管层对本企业生产过程的计划、组织、指挥、协调和控制，特别是企业各级监管人员对生产现场具体项目以安全为目的的全过程控制和安全技术指导。

2. 宏观的安全生产监管

既包括行政部门及其安全生产监督管理行政职能部门对全社会的安全生产综合监管，也包括行业管理部门、产业管理部门对行业内各类企业的行业监管，以及对行业领域相关生产场所的专业化技术监督；同时还包括各类安全生产专业性中介服务机构对企业安全生产的咨询、指导、检测检验等技术服务过程。在一定意义上，把宏观安全生产监管带有行政性质的大部分行为归纳为安全生产的监管。

无论何种安全生产监管，都属于社会管理分支的范畴，都是人类经济社会为有序生产而创造的文明结晶，都要遵循管理科学的一般规律和基本原则。"安全第一，预防为主，综合治理"是《中华人民共和国安全生产法》以法律的形式明确的我国安全生产工作方针。它也是做好安全工作的行动纲领。

3. 其他具体的工作原则

（1）管生产要管安全原则。这一原则要求把安全和生产当成是一个有机整体，自觉做到在保证安全的前提下组织生产。

（2）安全一票否决原则。干部晋级和企业评优、资质评审，与安全监管工作绩效密切挂钩。

（3）"四不放过"原则。即事故原因不查清楚不放过，事故应受教育者没有受到教育不放过，事故责任者没有受到追究不放过，整改不落实不放过。

（4）不安全不生产原则。生产经营单位不具备安全生产条件的，不得从事生产经营活动。

（5）安全"三同时"原则。即建设项目（工程）的配套安全设施要与主体工程同时设计，同时施工，同时投入生产和使用。

（二）安全生产监管职能

1. 安全生产监管职能划分的意义

由于安全生产监管具有内容复杂性和对象结构性的特点，整个体系所对应的安全生产监管职能有层次之分。监管职能的层次特征反映了不同监管层在安全生产过程中所具备的功能和监管者在工作中应起的作用。要充分理解安全生产监管职能划分的意义，应该强调安全生产监管的系统工程理念。它既包括对应宏观安全生产监管的各级行政部门层面的安全生产的综合监管、专项监管和行业监管等，也包括与微观安全生产管理相对应的，在生产经营单位层面实现对生产作业现场的具体安全生产监管等。安全生产监管主要起预防、控制、补救、评价作用。

安全生产监管是一项综合性工作，要运用符合科学发展观的安全系统工程的理论和方法，开展全员、全方位、全过程的安全监管。安全监管要以预防为主，严格落实各项安全措施，确保本质安全。安全监管要依法，用法律手段来规范行为。安全生产要遵从客观规律，用现代化的科学手段使生产经营过程中的事故风险得到有效的预防和控制。

2. 安全生产监管的职能

（1）决策职能。决策是人们对未来行动的选择和决断，它是一项综合性的职能，贯穿于安全监管的始终。

（2）教育职能。教育就是以理服人，达到鼓舞、激励、感染、警示的作用。

（3）组织职能。为实现安全管理目标和任务，对管理活动中的各种要素，包括人、机械设备、作业环境等进行合理的安排或组合。

（4）监督职能。监督是安全管理工作的一项经常性的职能，包括对人、设备、环境的监督检查。

（5）指挥职能。指挥管理者在权威指导下严格履行职责，有效地完成所承担的任务。

（三）安全生产监管要求

安全生产监管的目的是通过科学哲理方法，有组织有计划有步骤地对生产、经营及相关经济活动过程中的危险因素进行辨识、分析、消除或控制，以保障生产、经营及其他相关经济活动中的生命健康、财产安全和社会稳定，这是安全生产管理的根本性要求。

具体目标是减少和控制危害，减少和控制事故，避免生产过程中由于事故造成的人身伤害、财产损失、环境污染以及其他损失。这种目标包括生产安全事故控制目标（事故负伤率及各类安全生产事故发生率）、安全生产隐患治理目标、安全生产管理目标。

要实现安全生产监管目标，首先要提高安全生产监管者的素质。安全监管者的素质如何，直接影响监管目标的实现。就监管个体来说，一般要具备以下素质：一是思想政治素质。真心实意地热爱生产监管工作，坚定不移地贯彻安全生产方针，时刻把人的生命安全与身体健康记在心上，实事求是，善于创造性地开展安全工作。二是道德素质。有做好安全生产监管工作的强烈事业心和责任感，兢兢业业地履行监管职责，对自己要求严格，有强烈的进取心。勇于克服困难，乐于无私奉献。三是知识素质。具有一定的文化水平，熟知并能够应用相关的安全监管知识。四是能力素质。有较强的观察，分析和处置能力。

这些素质方面的要求，相互联系，缺一不可。其中，思想政治素质是监管者的根本素质，对其他素质起到基础和统率的作用。道德素质是指道德品质方面的要求，道德品质是推动监管者抓好监管工作的驱动力和行为规范的准则。知识素质是形成其他方面监管素质的必要条件。能力素质是监管者顺利实施监管所要具备的本领，也是影响监管效率的直接因素，是对监管者的特殊要求。缺乏能力素质，即使工作热情再高，知识再丰富，监管工作也无法顺利完成。因此，要正确理解安全监管者的素质要求，做到协调发展、全面提高。

第二节　安全生产监管的构成要素

一、战略要素

安全生产战略规划是对安全发展理念的操作化，它依据安全生产内、外部环境条件和监管状况对安全生产发展进行全局性谋划并具体展开，主要包括战略定位、战略目标和战略任务。战略定位是对安全生产的性质及其未来发展地位的基本判断和选择，主要包括安全发展的关系定位和功能定位。战略目标是对愿景及定位的展开和细化，是对安全生产预期达到水平的具体规定，具有有效性、可度量性以及有明确的优先级顺序等特征。战略任务是对战略目标的进一步分解，具有明确的任务内容。

在进行安全生产监管战略要素分析时，可以借助SWOT分析法，制定相应的发展战略、计划以及对策。SWOT包含四个方面内容：S——优势（Strength）、W——劣势（Weakness）、O——机遇（Opportunity）、T——挑战（Threat）。这里，机遇与挑战表明的是一种相对间接的外部作用，优势和劣势表明的是一种直接的外部作用。

将机遇事项和优势事项作为有利于安全生产监管工作的事项，将挑战事项和劣势事项作为不利于安全生产监管工作的事项，则可进行有利于与不利于安全生产监管的对比分析。安全生产监管工作所面临的机遇和挑战几乎是对等的。要及时抓住并充分利用机遇，正确分析并科学面对挑战，特别是制定科学、合理、可行、有效地应对挑战的安全生产监管法规、政策和措施，才能做好安全生产工作，取得较好的安全生产绩效。对于安全生产监管工作，机遇未必是优势，也可能是劣势；而挑战未必是劣势，也可能是优势。因此，要把握好机遇和挑战，不放过机遇转化为优势的机会，最大限度地将挑战转化为优势因素，降低劣势作用，提高优势作用。国家各项安全生产体制机制改革、政策措施设计等给安全生产工作带来众多机遇的同时，也带来不少挑战。但总体而言，机遇略大于挑战，优势总和大于劣势，重大优势显著，有利因素大于不利因素，整体上明显有利于安全生产监管的规范与推进。

机遇和挑战、优势和劣势都是制定与实施安全生产监管战略的基础要素，科学的战略必须科学地把握这些基础要素。但是这些要素仅仅是制定与实施安全生产监管战略的基础，从安全生产监管战略的实施层面看，重点是要抓住科技兴安、综合治理、本质安全、文化强安四大战略核心。

（一）科技兴安战略

科学技术是经济社会发展中最活跃、最具革命性的因素。当今世界，科学技术作为第一生产力、人类文明进步的基石和原动力的作用日益凸显，科学技术比历史上任何时期都更加深刻地决定着经济发展、社会进步、人民幸福。

安全科技发展的前进方向就是研发与利用先进的科学技术，形成人与人、人与物、物与物超强相连，使监管者能够明显感知设备和环境的安全状态，实现提前控制、超前预防、科学组织、高效生产。安全技术装备的发展方向是"大、微、智"，其中"大"是指大功率、高产、高效的大型设备制造技术；"微"是指小型化、微功耗、多功能、无线远距离发射制造技术；"智"是指智能辨识、智能评估、智能分析、智能决策集成制造技术。

安全发展战略不在于一地一企的得失，其宗旨是实现目标任务全局性的把握与控制，使安全生产监管工作朝着持续稳进的方向发展。安全科技的战略定位应当是集中有限资源完善安全生产研发推广应用、技术监督三大体系的建设。安全生产研发体系建设目标是打造一支善于攻坚克难，能够破解制约安全生产科学技术瓶颈、门类齐全、实力雄厚的科技研发队伍，并建成相应的技术支撑平台。推广应用体系建设目标是形成新技术、新成果、新工艺、新材料转化应用"短、平、快"的工作机制。技术监督体系建设目标是形成提升安全生产监管监察水平、促进企业安全生产、强化安全技术服务的工作机制。要建立与完善上述三大体系建设，需要强化安全科技工作组织领导、经济政策扶持、安全科技投入强度三个保障能力建设，只有这样，安全科技工作才能协调发展，整体推进。

（二）综合治理战略

1. 综合治理战略的概念

综合治理是一种包含创新、全面、发展理念的安全管理模式。它是保证"安全第一，预防为主"实现的重要手段，它落实和明确了安全主体责任和各方责任，具有公平性和科学性，将推动安全生产监管统筹规划，提高安全生产监管水平，最终营造全员参与安全生产监管的良好氛围，这是安全发展社会经济，提高全员安全素质的必然要求。综合治理具有强制性，也将带来安全革命的新局面，对安全行业的全面重视程度会逐渐提高，生产中的安全问题将随之逐渐减少，安全生产事故也必将减少。从长远来看，安全保障性所带来的生产经营单位的良好形象也会逐渐体现出来，安全成果的显现将使综合治理工作得到全员的理解，这个过程也是长期的。

2.综合治理的特点与内涵

（1）全面性。在生产经营过程中，动员全体职工采取各种监管手段，使生产、安全同步，建立起科学的、一整套的安全监管保障体系，把各个部门每个职工对安全生产负有的责任同经济手段和法制手段连接起来。

（2）长期性。抓好安全生产工作不是一朝一夕就可以见成效的，它需要踏踏实实地从细微处入手，从大处着想，持之以恒。

（3）针对性。安全生产综合治理应针对安全生产方针的贯彻与落实，针对各级人员岗位责任制的落实，针对重大隐患整改情况的落实。

（4）综合性。安全生产的综合治理是生产经营单位管理。思想、科学技术等工作水平的综合表现。

（5）科学性。安全生产综合治理运用了安全系统工程学的原理和方法，从本单位的实际出发，建立起完整、科学、有效的管理方法。

（6）基础性。安全生产综合治理的推行，要求生产经营单位各级人员要有一个较高的思想认识，较强的安全管理水平。

3.综合治理的实现要求

（1）要从安全发展战略高度认识和提高落实安全生产方针的自觉性，从系统安全工程原理出发，全方位多因素地研究事故的预防方法和根治措施。

（2）要坚持以安全发展为主题，坚守安全底线，加大安全投入，改善作业环境，创造良好的工作条件。

（3）应进一步深化安全生产监管体制的改革，要进一步改善行政、技术，安全等管理方法，加强监督管理。

（4）增强全员安全管理意识，充分认识到每个职能部门都与安全有着直接或间接的联系，明确生产经营单位的安全主体责任和各方责任。

（5）落实安全生产责任制，采取综合措施确保责任到位和落实，严格执行安全管理的各项规章制度，努力形成安全生产的长效机制。

（6）加大安全管理治本力度，着力解决好真重视还是假重视、真明白还是假明白、真投入还是假投入、真处罚还是假处罚等问题。

（7）要提升监管班子的重视程度和一线人员的执行力度。

（三）本质安全战略

1.本质安全的概念

本质安全，狭义的概念指的是通过设计手段使生产过程和产品性能本身具有防止危险发生的功能，即使在误操作的情况下也不会发生事故。从广义的角度来说，就是通过教育、设计、优化环境等各种措施从源头上堵住事故发生的可能性，即利用科学技术手段使生产活动全过程实现安全无危害化，即使出现人为失误或环境恶化也能有效阻止事故发生，使人的安全健康状态得到有效保障。

2. 本质安全战略的内涵和目标

本质安全战略是以风险预控管理为核心，以控制人的不安全行为为重点，以切断事故发生的因果链为手段，以持续改进为运行模式的战略。本质安全战略的目标是通过以风险预控为核心的、持续的、全面的、全过程的、全员参加的、闭环式的安全管理活动，在生产过程中做到人员无失误、设备无故障、系统无缺陷、管理无漏洞，进而实现人员、机器设备、环境、管理的本质安全，切断安全事故发生的因果链，最终实现杜绝生产事故发生。

本质安全战略的核心是人员的本质安全化和设备的本质安全化。人员本质安全化：本质安全是珍爱生命的实现形式，本质安全致力于系统追问、本质改进。强调以系统为平台，透过繁复的现象，去把握影响安全目标实现的本质因素，找准可牵动全身所在，纲举目张，通过思想无懈怠、管理无空档、设备无隐患、系统无阻塞，实现质量零缺陷、安全零事故。人的本质安全相对于物、系统、制度三个方面的本质安全而言，具有先决性、引导性、基础性地位。人的本质安全包括两个方面基础性含义：一是人在本质上有着对安全的需要；二是人通过教育引导和制度约束，可以实现系统及个人岗位的安全生产无事故。人的本质安全是一个可以不断趋近的目标，同时又是由具体小目标组成的过程。人的本质安全既是过程中的目标，也是诸多目标构成的过程。

3. 设备本质安全化的内涵、要求、实现途径

（1）设备本质安全化的内涵。为使设备达到本质安全而进行的研究、设计、改造和采取各种措施的最佳组合称为本质安全化。设备是构成生产系统的物质系统，由于物质系统存在各种危险与有害因素，为事故的发生提供了物质条件。要预防事故发生，就要消除物的危险与有害因素，控制物的不安全状态。本质安全的设备具有高度的可靠性和安全性，可以杜绝或减少伤亡事故，减少设备故障，从而提高设备利用率，实现安全生产。

本质安全化正是建立在以物为中心的事故预防技术的理念上，它强调先进技术手段和物质条件在保障安全生产中的重要作用，希望通过运用现代科学技术，特别是安全科学的成就，从根本上消除能形成事故的主要条件。如果暂时达不到时，则采取两种或两种以上的安全措施，形成最佳组合的安全体系，以达到最大限度的安全。同时尽可能采取完善的防护措施，增强人体对各种伤害的抵抗能力。设备本质安全化的程度并不是一成不变的，它将随着科学技术的进步而不断提高。

（2）设备本质安全化的要求。从人机工程理论来说，伤害事故发生的根本原

因是没有做到人－机－环境系统的本质安全化。因此，本质安全化要求对人－机－环境系统作出完善的安全设计，使系统中物的安全性能和质量达到本质安全程度。从设备的设计、使用过程分析，要实现设备的本质安全，可以分三个阶段实施。

①是设计阶段：采用技术措施来消除危险，使人不可能接触或接近危险区，如在设计中对齿轮系采用远距离润滑或自动润滑，即可避免因加润滑油而接近危险区；将危险区完全封闭，采用安全装置，实现机械化和自动化等，都是设计阶段应该解决的安全措施。

②是操作阶段：建立有计划的维护保养和预防性维修制度；采用故障诊断技术，对运行中的设备进行状态监督；避免或及早发现设备故障，对安全装置进行定期检查，保证安全装置始终处于可靠和待用状态，提供必要的个人防护用品等。

③是管理阶段：指导设备的安全使用，向用户及操作人员提供有关设备危险性的资料、安全操作规程、维修安全手册等技术文件；加强对操作人员的教育和培训，提高工人发现危险和处理紧急情况的能力。

（3）设备本质安全化的实现途径。根据事故致因理论，事故是由于物的不安全状态和人的不安全行为在一定的时空里的交叉所致。据此，实现本质安全化的基本途径有：从根本上消除发生事故的条件（即消除物的不安全状态，如替代法、降低固有危险法、被动防护法等）；设备能自动防止操作失误和设备故障（即避免人操作失误或设备自身故障所引起的事故，如联锁法、自动控制法、保险法）；通过时空措施防止物不安全状态和人不安全行为的交叉（如密闭法、隔离法、避让法等）；通过人－机－环境系统的优化配置，使系统处于最安全状态。

总之，本质安全战略从控制导致事故和物源方面入手，提出防止事故发生的技术途径与方法，对于从根本上发现和消除事故与危害的隐患，防止误操作及设备故障发生可能的伤害具有重要的作用。

（四）文化强安战略

安全文化是人类在生存、繁衍和发展的历程中，在其从事生产、生活乃至实践的一切领域内，为保障人类身心健康并使其能安全、舒适、高效地从事一切活动，预防、避免、控制和消除意外事故和灾害；为建立起安全、可靠、和谐、协调的环境和匹配运行的安全体系；为使人类变得更加安全、康乐、长寿，使世界变得友爱、和平、繁荣而创造的安全物质财富和精神财富的总和，主要包括安全观念，行为安全、系统安全、工艺安全等。安全文化主要适用于高技术含量，高风险操作型企业，在能源、电力、化工等行业内重要性尤为突出。所有的事故都是可以防止的，所有安全操作隐患都是可以控制的。安全文化的核心是以人为本，这就需要将安全责任落实到具体的安全监管工作中，通过共同认可的安全价值观和安全行为规范，营造自我约束、自主管理的安全文化氛围，最终实现持续改善安全业绩、建立安全生产长效机制的目标。

安全发展需要文化的强力支撑，没有文化的安全就是没有灵魂的安全。在安全生产的实践中，人们发现，对于预防事故的发生，仅有安全技术手段和安全管理手段是不够的。当前的科技手段还达不到物的本质安全化，设施设备的危险不能根本避免，因此需要用安全文化手段予以补充。安全管理虽然有一定的作用，但是安全管理的有效性依赖于对被管理者的监督和反馈。由管理者无论在何时、何事、何处都密切监督每一位职工或公民遵章守纪，就人力物力来说，几乎是一件不可能的事，这就必然带来安全管理上的疏漏。不安全行为是事故发生的重要原因，大量不安全行为的结果必然是发生事故。安全文化手段的运用，正是为了弥补安全管理手段不能彻底改变人的不安全行为等方面的先天不足。

安全文化作为安全生产监管能力的依托，"以隐性准则的效能"决定着监管者对知识类别、形式的取舍，对管理模式甚至是不同制度机制的接纳程度等。哪一类知识将受到支持、接纳或鼓励都将是监管者价值取向作用的结果。安全文化扮演的是知识筛选、控制和能力的建立与积累的角色。安全文化的作用是通过对人的观念、道德、伦理、态度、情感、品行等深层次的人文因素的强化，利用领导、教育、宣传、奖惩、创建群体氛围等手段，不断提高人的安全素质，改进其安全意识和行为，从而使人们从被动地服从安全管理制度，转变成自觉主动地按安全要求采取行动。

安全生产监管战略的基础要素与核心要素的相互关系。相互影响,具体见图1-1。

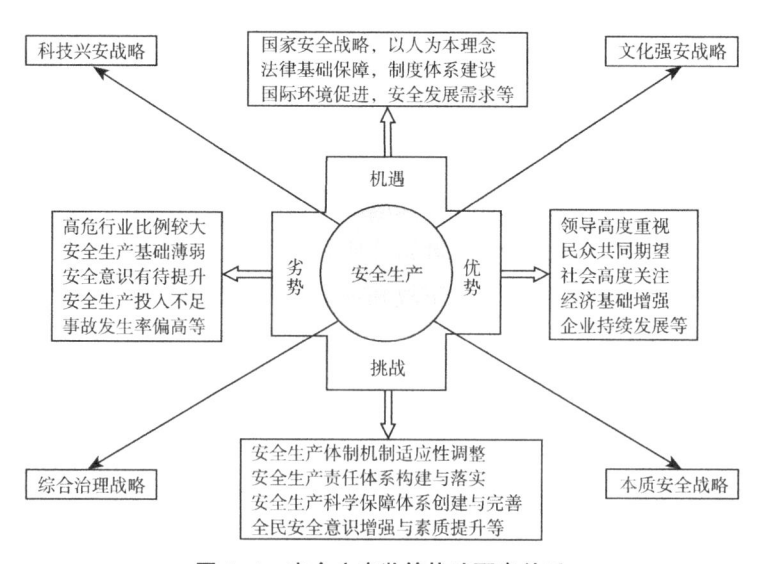

图1-1 安全生产监管战略要素关系

二、维度要素

维度要素是表达监管变量的尺度。安全生产监管从设计层面来分析，重点要把握好三个维度要素。第一个维度要素是使命。任何监管都有自身的监管使命，只有设计并完成好安全生产监管使命，安全生产监管才有尺度。第二个维度要素是理论。理论是行动的先导，只有探究并运用好安全生产监管理论，安全生产监管才有深度。第三个维度要素是条件。条件是工作推进的前提，只有满足并丰富了安全生产监管条件，安全生产监管才有效度。这里的使命要素、理论要素、条件要素都是安全生产监管工作必须深度把握的基础维度。

（一）使命维度

安全生产监管使命是指监管在安全发展中担当的角色和责任及监管存在的依据。安全生产监管主要肩负着四大使命，即生命安全健康、设备财产防损、社会稳定协调、经济持续发展。生命安全健康。设备财产防损是安全生产监管的首要的直接使命，安全生产监管要坚决杜绝重特大安全事故，有效控制较大安全事故，切实减少一般安全事故。确保安全生产形势持续稳定好转。而社会稳定协调、经济持续发展是安全生产监管重要的间接使命，维护社会稳定和促进经济发展是全社会的共同任务，所有安全生产监管机构与监管人员要充分运用安全监管的特殊杠杆作用推动社会的和谐稳定与经济的持续发展。

（二）理论维度

理论是指人们对自然、社会现象，按照已知的知识或者认知，经由一般化与演绎推理等方法，进行合乎逻辑的推论性总结。在安全生产监管领域中，理论是指联系实际推演出来的概念或原理，或经过对安全事故和事件的长期观察与总结，对安全生产监管过程中的关键因素的提取而形成的一套描述事故和事件演变过程的模型。安全生产监管需要遵循的基本原理主要有安全科学原理、事故致因原理、本质安全原理、安全系统原理、安全发展原理。它们是人类在长时期内所形成的具有一定专业知识的智力成果。该智力成果具有普遍适用性，即对安全生产监管工作者具有指导作用。这些原理对安全发展的理念进行收集、梳理和凝练，并以战略规划的形式予以具体细化，是安全生产监管智慧的集中体现，呈现于安全发展战略维度中。

（三）条件维度

安全生产监管条件是制约和影响安全生产监管存在、发展的外部因素。安全生产监管需具备6个支撑条件，即领导与决策、规划与策略、结构与体系、资源与信息、流程与技术、文化与学习。条件支撑维度的主要特征是具有较高的智能化水平，它依托专业水平高的智力服务，通过领导与决策、规划与策略、结构与体系、资源与信息、流程与技术、文化与学习等条件的不断完善深化，为安全生产监管的数字化、智能化运行提供技术支持、智力支持和物质保障。

安全生产监管维度要素具体关系如图1-2所示。

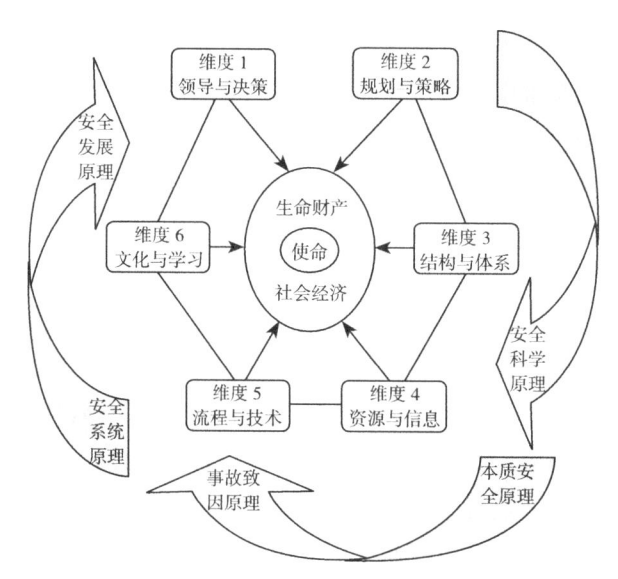

图1-2 安全生产监管维度要素关系

三、体制要素

（一）行政机构监管的重要性

安全生产监管工作的进行依赖于各个监管构成要素的有效运行。安全生产监管内部系统包括监管机构、职能定位、权力配置和运行机制等构成要素，各要素之间相互影响、相互制约。机构设置合理，权力配置适当，职能定位明晰，运行机制完善，形成科学的安全生产监管模式才能实现安全生产。

在我国，国家安全生产监督管理总局和各级安全生产监督管理局、煤矿安全生产监督机构等是进行全国各级安全生产监督管理的具体机构。安全生产事故对市场个体会造成一定的经济损失，市场对安全生产具有一定的调节能力，但这种调节能力是有限的，不能从根本上解决安全生产问题。这就需要行政机构对安全生产进行监督管理，行政机构的监督管理与市场调节机制不同，其监管具有强制性，通过行政机构的信息优势和事先预防机制，能够显著提高安全生产的监管效率，降低社会生产成本。

（二）构建安全生产工作新格局

构建"行政部门统一领导、部门依法监管，企业全面负责群众参与监督、社会监督支持"的安全生产工作新格局。

1. 行政部门统一领导

行政部门统一领导——安全生产工作要在国务院和地方各级人民行政部门的领导下，依据国家安全生产法律法规，做到统一的标准和要求。无论何种所有制形式或经营方式的生产经营单位，行政部门对其的安全生产要求都是相同的，都要保障安全生产的技术和物质条件符合安全生产的要求。行政部门要建立健全安全监管体系和安全生产法律法规体系，把安全生产纳入经济发展规划和指标考核体系，形成强有力的安全生产工作，组织领导和协调管理机制。

2. 部门依法监管

部门依法监管——各级安全生产监管部门和相关部门，要依法履行综合监督管理和专项监督管理的职责。依法加大行政执法力度，加强执法监督。行政部门有关部门要在各自的职责范围内，对有关安全生产工作依法实施监督管理。特别是在当前大部分专业机构部委撤销、政企脱钩、国有大中型企业普遍下放地方、企业重组并购的新形势下，安全生产的监督管理社会功能将发挥重要的作用。

3. 企业全面负责

企业全面负责，即生产经营单位要依法做好安全管理工作，切实保证本单位的安全生产。各类企业（包括经营单位）要建立健全安全生产责任制和各项规章制度，依法保障所需的安全投入，加强管理，做好基础工作，形成自我约束，不断完善的安全生产工作机制。

4. 群众参与监督

群众参与监督：工会组织和全社会形成"关爱生命、关注安全"的社会舆论氛围，形成社会舆论监督、工会群众监督的机制，保障安全生产的实施。

5. 社会广泛支持

社会广泛支持：重视发挥社会及中介组织的作用，为安全生产提供技术支持和服务。

上述5个层面的安全生产管理机制缺一不可，不能互相替代，各有各的职责，各有各的特点。它们是相互联系、相互促进、相辅相成的统一的有机整体，它们之间要统筹协调，形成合力，总体推进并形成市场经济条件下安全生产工作的监督体系，使安全生产的监督管理更加规范。

安全生产监管体制要素关系具体如图1-3所示。

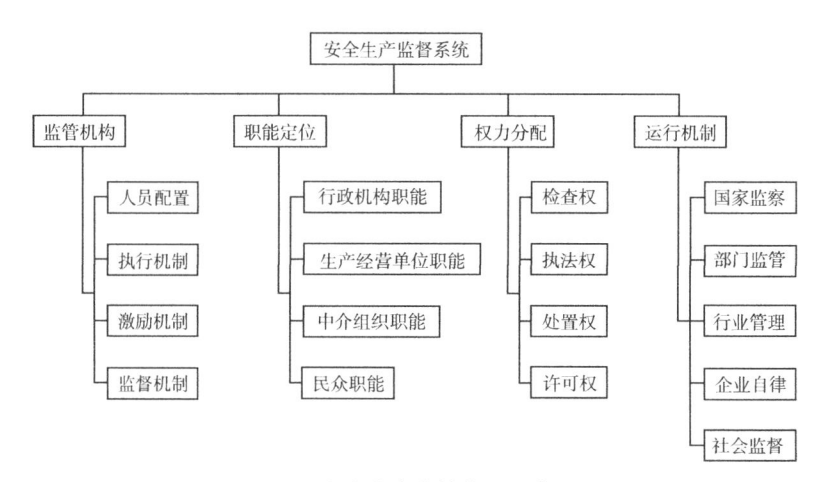

图 1-3 安全生产监管体制要素关系

四、运行要素

（一）不同监管领域对于监管层级和监管环节的安全生产监管模式

安全生产监管领域包括矿山、危化建筑、交通、工贸、特种设备等；安全生产监管层级包括国家、省市、区县、乡镇等；安全生产监管环节包括规划设计、验收审查、安评许可、过程监管、事故查处等。具体如图 1-4 所示。

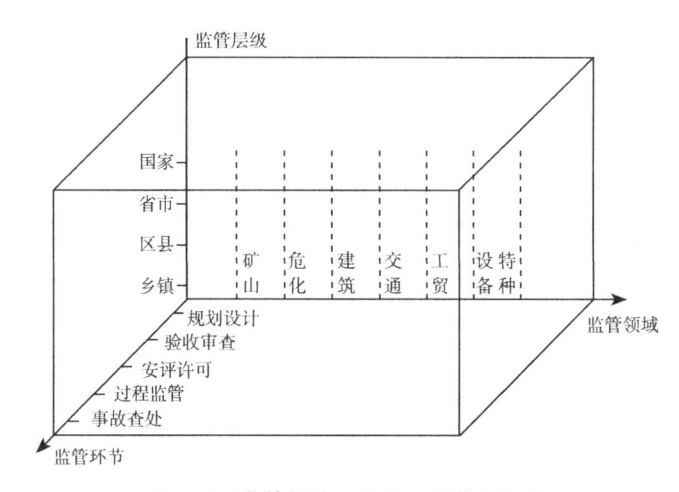

图 1-4 监管领域、层级、环节的关系

（二）多方监管体制下，应用不同监管机制和监管方式的组合模式

安全生产监管体制包括国家监察、部门监管、行业管理、企业自律、社会监督等；安全生产监管机制包括分级监管机制、垂直监管机制、专项监管机制、委托监管机制等；安全生产监管方式包括行政监察、法定认证、检验许可、技术监

察、行为监察等。具体如图 1-5 所示。

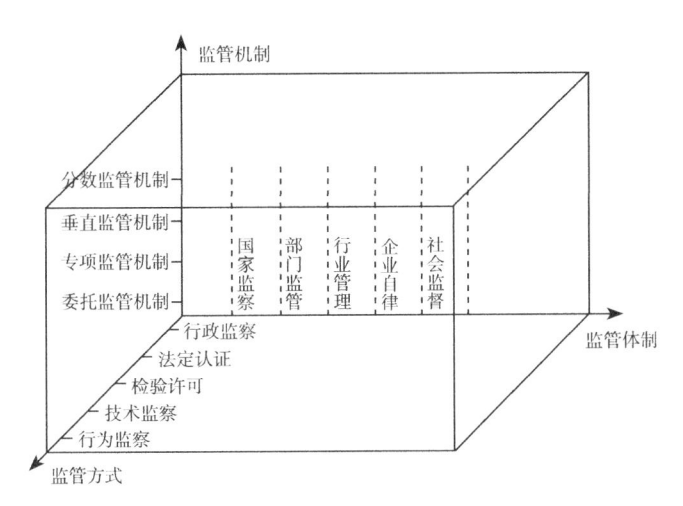

图 1-5 监管体制、机制、方式的关系

五、发展要素

（一）安全生产监管的发展切入点

发展是安全生产监管的一个永恒命题，基于现代安全生产管理科学原理，监管的发展可以从以下几个要素入手。

1. 安全生产监管理论

从事故致因理论向风险管理理论过渡。

2. 监管方法

从基于表象、规模、能量的监管转变为基于风险，本质规律的监管。

3. 监管目标

从以事故或事故追究为监管目标转变为以事故隐患、危险源、危害因素等为监管目标。

4. 监管过程

从事后型监管模式向预防型监管模式过渡。

5. 监管指标

从以事故指标为主转变为以预防指标、防范能力指标、绩效指标为主。

6. 监管手段

从依靠行政、经济、科学、文化等单一手段监管转变为综合监管、科学监管。安全生产监管发展趋势具体如图 1-6 所示。

```
风险管理 ← 监管理论 ← 事故致因
风险、本质规律的监管 ← 监管方法 ← 表象、规模、能量的监管
事故隐患危险源危害因素 ← 监管目标 ← 事故或事故追究
预防型监管模式 ← 监管过程 ← 事后型监管模式
预防指标防范能力指标绩效指标 ← 监管指标 ← 事故指标
综合监管科学监管 ← 监管手段 ← 单一行政、经济手段
```

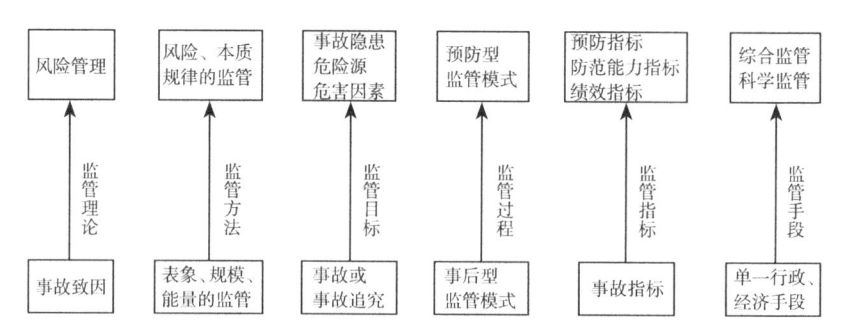

图 1-6　安全生产监管发展趋势

（二）安全生产监管的发展方向

安全生产监管的发展方向体现在：变经验监管为科学监管，变结果监管为过程监管，变事后监管为事前监管，变静态监管为动态监管，变投入监管为价值监管，变效率监管为效益监管，变约束性负强化监管为激励性正强化监管，变纵向单因素监管为横向综合全面监管等。

目前，各级安全生产监管部门普遍采用的是基于事故、规模、能量、形式的监管方法，监管效能水平和效果相对不高。推行基于风险的监管模式，可实现安全监管的全面性，即进行全面风险辨识；预防性，即强调潜在风险因子；动态性，即重视动态现实风险；定量性，即进行风险定量评价；分级性，即基于风险分级的分类监管。因此，基于风险的监管将对提高安全监管效能和安全生产保障水平发挥积极作用。

另外，强调一点，上述的发展要素均是从监管内容、方式等外部因素分析的，如果将监管者自身规范的构成要件要素的本质，概括为"监管者的规范的、主观的评价的要素""监管者需补充的价值判断的要素""监管者自由裁量的要素"，不免使构成要件符合性的判断混入监管者主观的评价，从而导致监管者判断的恣意性。因此，监管者自身的发展要素也需要客观把握。

第三节 安全生产监管的结构模式

一、安全生产监管体系的基本框架

（一）机构型监管：高度专业化模式

1. 机构监管的内涵

机构型监管，又称"部门监管"要是按照被监管者的类型设立监管机构，不同的监管者分别监管各自领域或分属于不同的安全生产机构，互不交叉，某一类型安全生产机构的监管者无权监管其他类型的安全生产机构。这种监管模式体现了"人盯人"思想，其特点是监管高度专业化，有利于全面了解被监管者的整体状况。由于专业监管机构负责不同的监管领域，职责明确，分工细致，从而有利于达到监管目标，提高监管效率。从安全生产监管的发展历程来看，各国安全生产监管体制基本上是基于机构监管原则而设立的。

2. 机构监管的作用与影响

当安全生产结构比较简单，或者安全生产结构本身被严格划定的时候，按照分业监管建立起来的机构型监管模式，对于防范安全风险，提高安全效率有一定积极意义。机构型监管基于对不同类型安全生产机构的性质差别认识，关注单个机构的具体状况，避免了重复监管。但是，当安全生产结构趋于复杂，安全生产机构的功能边界逐渐模糊，安全生产监管"真空"不断出现的时候，机构型监管模式的有效性也会受到质疑。

3. 机构型监管模式改进点

（1）多重监管机构之间难以协调，可能引起被监管对象利用"监管真空"逃避监管，若设立多重目标或不透明的目标，则容易产生分歧，使被监管对象难以理解和服从。

（2）由于每一个机构监管者都要对其监管对象所从事的众多业务进行监管，它就要针对每一类安全业务分别制定并实施监管规则，这是社会资源的一种浪费。

（3）当各安全生产机构提供类似的安全服务时，如果受不同监管者的管辖，那么潜在的监管程度及相关服务成本就可能存在差别，这将导致某些安全生产机构在责任与权利方面的不平衡。从这个意义上讲，机构型监管可能难以解决安全生产机构之间的公平问题。

（二）功能型监管：动态适应性模式

1. 功能型监管是基于安全生产机构的基本功能而设立监管机构

功能型安全生产监管的概念主要源于安全生产体系的"功能观点"学说。安全生产体系的功能主要包括部署、检查、整改、许可、打击的权限性功能、聚集和分配资源的协调性功能、管理风险的配置性功能、传递信息以及解决激励问题的指导性功能，而安全生产功能比安全生产组织形式变迁与安全生产监管体系选择更具稳定性，将分散于不同机构的同一业务由同一机构监管，能够节约监管资源，适合安全混业生产经营背景下的监管体系选择。

2. 功能型监管比机构型监管更便捷有效

（1）稳定性。安全技术的发展和安全成本的降低推动了安全的发展，尽管创新性的安全方式多样，但从功能的角度看均具有一定的同质性和稳定性。可见，基于功能观的监管政策的制定与执行将更加稳定有效。

（2）预见性。功能观点着重于预测未来实现中介功能的组织结构，而不是维持现有的机构形式，因而行政部门可以依据各种现实与预测去设计不同的监管方案，使监管更具灵活性。

（3）创新性。从功能的角度开展监管，有利于促进安全生产机构组织进行必要的变革。

3. 功能型监管的发展趋势

功能型监管作为一种理论模式尚处于探索阶段。在纯粹的功能型监管体制下，各监管机构很难对安全生产机构的整体情况，尤其是安全生产机构的整体管理水平、风险水平和整治能力有一个全面准确的认识，这必然会对安全生产系统的稳定性产生负面影响。业务多样的生产经营单位可能面临多个以业务为界线的行业部门的监管，它所面临的监管者也越来越多，监管成本也会相应增加。这有可能会导致一定程度的过度监管。一方面，监管部门依据功能观点，会演变其监管的范围，将许多原本不属于自己监管的异变为自己监管；另一方面，各监管机构则以功能观点为依据，力图使自己向监管较松、限制较少的领域靠拢，以尽量减少自身的监管压力。

（三）目标型监管："中间道路"模式

为了避免机构型监管和功能型监管的种种不足，依据安全生产监管目标设计监管体制也是一种思路，这也就是"中间道路"思路。根据这种思路设立监管机构的最终评判标准，应当是这种监管模式在实现监管目标方面体现的效率性。目标型监管提出的理由主要包括：第一，只有将监管目标明确定义，并将实现监管目标的职责明确地赋予监管机构，监管才可能有效进行，也才能讨论监管责任制的有效性和透明度；第二，当各监管目标之间产生冲突时，需要找到冲突的解决办法，只有当监管机构明确各自的监管目标时，才有可能产生明确的协调控制重点；第三，单一监管机构虽然也可以通过内部监管分工解决这个问题，但会增加监管成本，而让不同的监管机构分别监管不同对象是一种较有效率的选择；第四，对某些行业的监管，涉及不同监管职责、监管方法及监管文化，单一监管机构很难有效地解决这些问题。

二、安全生产监管体系优化选择

（一）安全生产监管组织模式的选择

安全生产监管领域的具体反映，体现了安全生产监管的理论学者和实践工作者，在变化的经济安全环境中对最优监管模式的思考和探索。安全生产监管体制安排并没有固定的模式，无论立足于哪个理论来设计安全生产监管体制，都受政治、经济、文化等层面的因素影响。尽管不能在机构型监管、功能型监管以及目标型监管之间选择一个最优的组织模式，但一些基本因素对监管组织结构的选择仍然具有重要影响。

1. 兼容性

监管组织结构的设置要保证监管目标的顺利实施。

2. 效率原则

监管组织结构设计应该遵循效率原则，尽量减少监管机构的运行成本及被监管者的执行成本。

3. 权力的把握

监管组织结构应该避免权力的过度集中或者过度分散，建立起有效的权力制衡和约束机制。

4. 信息交流和共享

监管组织结构的设置应该有利于监管信息交流和共享，减少监管冲突和监管疏漏。

（二）安全生产监管机制的设计

强调效率的自由民主经济的美国，其安全生产监管机制旨在通过监管措施把安全资源配置到最有效的领域并持久地发挥其效力和竞争力，它格外重视对安全风险的控制，以确保整个安全生产体系的安全。这反映在安全生产监管机制的设计过程中，始终注意以下原则：安全生产监管首要的目标是维护安全，提高安全效率，监管不是目的而是手段；安全生产监管机制要符合市场规律，行政手段只能以市场机制的辅助措施存在，并最终服务于效率和安全的目标；安全生产监管要符合法制原则,通过依法监管提高透明度,并建立对监管者的"再监管制度",建立权力制衡机制;通过安全生产监管提高安全效率,在防范安全风险、维护安全的同时实现市场的潜在收益。

(三)安全生产监管体系强化的重要性

透过对世界范围内安全生产监管体系发展历程的分析,可以看到,与开放化和自由化经济体制进程相伴随的是安全生产监管的强化和制度化。作为制度建设的一部分,安全生产监管的强化反映了安全业这一特殊行业所具有的典型外部性特征要得到有效的引导,尤其是在安全一体化进程加速和混业经营席卷全球的背景下,任何监管上的疏漏和错误都可能意味着巨大的社会成本,因为通过安全生产体系诚信放大的杠杆效应及风险扩散,带来的不仅是财富的瞬间消失,更有可能导致社会信用崩溃,甚至是一蹶不振的持久性经济萧条。如果说安全生产监管政策的失败尚可补救的话,那么,安全生产监管体系设计的失误将会使安全业发展迷失方向甚至误入歧途,因为方向性的决策失败是根本性的,它意味着巨大的转换成本和机会成本。

(四)安全生产监管一体化模式的有效性

当前全球范围内主要国家和经济体的监管变革,呈现出越来越明显的一体化特征。安全生产监管的一体化模式在监管的有效性方面具有突出的优势。从监管现实来看,许多生产经营单位对多个监管机构同时并存、监管内容交叉重复、监管要求繁琐多变的监管体系颇有异议。安全生产机构业务和风险管理的全球化,客观上也要求监管体制反映这种现实表现。安全生产监管一体化是安全监管发展的一种优化选择,一体化监管的优点表现在如下几个方面

1.明确监管目标和责任

从监管目标的一致性来看,在统一监管模式下,监管机构可以被赋予明确的监管目标和责任,并在明确的责任范围内运作,从而大大降低了在监管目标和责任方面产生冲突的可能性。在统一监管模式下,可以将不同的监管目标和监管方法之间存在的冲突通过内部机制消化处理,进而能够对不同的行业,不同的领域进行合理区分,平等地对待被监管单位,确保类似的风险接受类似的监管。因此,统一监管模式从监管要求的一致性来看,能够避免多头监管模式的种种问题。

2.统一监管要求,剔除重复和交叉监管

从监管成本来看,合并监管规则和条例,统一监管要求,剔除重复和交叉监管,这些都有利于减少被监管机构的负担。在统一监管模式中,一方面,可以继续保持对各安全行业监管的专业分工优势;另一方面,相对于多个监管机构并存的模式,统一监管模式可以将管理结构和内部决策程序有效地统一起来,从而促

进监管部门之间的信息交流和协调合作。

3. 能动态跟踪监控安全生产机构的风险承担问题

从监管资源合理配置来看，安全生产监管过程中涉及大量的风险分析，以动态跟踪监控安全生产机构的风险承担问题，并对可能发生的风险进行必要的防范。但是，由于市场瞬息万变，高度的不确定性使得比较各生产经营单位之间的风险规模相当困难，因此，有效地配置监管资源是完成风险分析与监控工作必不可少的一个环节，而统一监管机构的组织结构和管理能力应当能够更有效地实现监管资源的合理配置。

三、安全生产监管模式

（一）发达国家安全生产监管模式

1. 以英国为代表的专业型监管模式

英国是世界上最早进行工业化和走上现代化道路的国家，在其工业化初、中期，社会安全生产事故频发，严重影响了正常的社会生产活动。因此，英国在世界上较早地建立起了安全生产监管体制，经过长期的发展完善，现已形成了专业型的安全生产监管模式。这种模式在分工上明确细致，在每个安全生产压力较大的行业都配备专门的安全生产监察小组，并且每个监察组织都具有很强的专业性和针对性。其监察机构面向社会招聘职员，对应聘者资格要求较高，要具备较为广泛的安全生产相关知识，并且至少有2年相关行业从业经历，安监员上岗前要接受专业的安全生产技能培训。这种分工细致的专业监察模式，使英国的安全生产监管处于世界前列。

2. 以美国和日本为代表的垂直监管模式

美国和日本在工业化进程中也遇到了类似英国的安全生产问题，它们依据自己国家的政体结构，建立了具有共同特征的垂直监管模式。在美国，安全生产监管工作采取联邦垂直管理模式，国家设立劳工部，直接受总统领导，对总统负责，同时劳工部下设职业安全与健康监察局、全国矿山安全与健康监察局，这两个监察局也都实行联邦垂直管理模式，对全国的安全生产共同进行监察。

日本的安全生产监管模式与美国接近，实行中央垂直监管。日本设立了厚生劳动省和经济产业省两个不同的主管部门，分别负责职工健康安全监管和矿山安全监管。这种垂直管理模式具有政令畅通、步调一致、雷厉风行的体制优势，能够及时、全面贯彻国家政策意图。特别是垂直管理体系这种安全生产监管模式作为政策执行载体，分工明确，避免了交叉重叠监管，工作效率大大提高。

3. 以德国为代表的二元化监管模式

德国的安全生产监管采用二元化模式，即国家劳动保护机关执行国家性质的劳动保护和劳动监察工作，同时法定事故保险机构开展劳动保护和监察活动。它们都具有制定相关劳动安全标准、实施监督与管理、开展安全生产咨询与预防、进行事故调查等职责。

国家劳动保护机关的工作重点在于制定并执行国家劳动保护法律，各级劳动保护机关制定相应联邦州的劳动保护法规与制度，在企业生产过程中实施劳动保护监控与引导，并向社会生产单位提供公共保护技术和方法等。法定事故保险机构的工作重点在于制定行业生产健康保护和生产安全的规定与规则，结合国家法律法规来贯彻本机构在各行业安全生产中的标准与规定，为社会生产单位提供职业危害救助与预防生产事故的专业咨询，对企业安全负责人员进行职业技能培训和教育等。两者在二元化的安全生产监管体制中形成了"共同合作，目标统一，经验交流，相互补充"的互补协调关系。

（二）我国的安全生产监管模式

我国的安全生产监管工作大致经历了新中国成立初期到改革开放之前、改革开放到2000年、2000年初至今三个阶段。在不同发展阶段，由于安全生产监管所处的经济社会环境不同，安全生产监管模式也有所不同。

1. 新中国成立初期到改革开放之前

新中国成立初期国家就十分强调安全生产监管，但因为各种原因，在这个阶段，我国安全生产管理工作受到了严重冲击，社会生产安全事故多发，给人民的身心健康造成了极大损害，给社会财产造成了重大损失。

2. 改革开放到2000年

这一阶段，国家各项工作恢复正常，安全生产监管工作重新受到重视，相继出台了相关安全生产监管条例与法律文件。在这一阶段还分别进行了4次机构改革，安全生产监管工作不断完善。

3. 2000年初至今

为适应安全生产新形势，国家重新调整了安全生产监管机构，完善了相关法律法规。对工矿企业特别是矿山、危化的安全生产更加关注，努力减少工矿企业重特大事故的发生。根据社会经济发展水平与安全生产状况，安全生产可划分为五个阶段：工业化前期阶段和工业化初级阶段、工业化中级阶段、工业化高级阶段、后工业化时代、知识经济时代。当前我国正处于工业化中级阶段向工业化高级阶段的过渡时期，属"生产安全事故多发期"。因此，我国现阶段安全生产形势较为严峻，要严防重特大事故的发生。

通过多年努力，我国在安全生产监管工作中积累了宝贵经验，这些经验是继续发展我国安全生产监管工作的重要基础。我国安全生产监管机构职能清晰，分工明细，监管工作采用垂直监管与分级监管相结合的方式。这种监管体系为保证人民生命安全、减少社会财产损失起到了重要作用。同时也应该看到，我国的生产事故时有发生，尤其是煤矿行业和重工业的特大安全事故发生率与发达国家相比还比较高。有必要将我国安全生产监管模式与国外发达国家进行对比分析，找出不足，为我国安全生产监管工作的改进找准方向。

（三）我国与国外安全生产监管模式的对比分析

目前，世界上还没有一个通用的安全生产监管体系，与发达国家的安全生产监管体系相比，我国的监管模式有自身优势，但仍存在许多尚待改进完善的地方。可以从发达国家的安全生产监管工作中总结出一些成功的经验，批判性地予以继承与借鉴。

1. 国外安全生产监管模式

英国采用的是专业化安全生产监管模式，其特点是分工明细，专业化程度高，针对性强；美国和日本充分利用高效率的垂直管理模式。相比美国、日本和英国模式，德国的二元化安全生产监管模式不仅利用了相关行政部门的公共管理职能，且充分利用了市场经济主体－保险机构－对企业的安全生产活动进行监管，实现了政府与市场的有效结合。美国、日本、英国和德国均根据本国国情建立并发展了一套适合自身的安全生产监管模式，实践证明这些发达国家的监管模式是行之有效的。

2. 我国与国外安全生产监管模式的对比

（1）法律体系上，发达国家安全生产监管法律体系相对健全，监管机构实现法定化，职责范围、执法程序、监察员的权利义务等内容明确，监管工作能够顺畅进行。我国应该持续完善安全生产监管的法律法规，切实做到有法可依、有法必依、执法必严、违法必究。

（2）机构设置上，英国安全生产监管机构设置精简，并且能够有效保证社会生产安全。

（3）权力制衡上，发达国家各机构权力制衡机制较为完善，而我国安全生产监管各行政和执法部门之间的权力制衡机制还有待优化。

（4）社会参与上，美国、日本等发达国家安全生产监管工作社会参与率较高，工会组织对员工的安全保障积极活跃，我国这方面还有待提升。

（5）专业程度上，与专业型安全生产监管模式相比，我国在安全生产监管工作人员的专业性和针对性等方面发展有待推进。

（6）市场作用上，与德国二元化的安全生产监管模式相比，我国市场主体参与安全生产监管的作用，以及行业事故保险机构等的参与度还有待提高。

我国于20世纪80年代开始，致力于改革开放，取得了许多制度性成果。经济体制改革的最大成就莫过于市场经济体制的初步建成，特别是近年来，安全生产监管机构与职责的不断完善，表明新型的安全生产监管体制已初步形成。

（四）对我国安全生产监管的启示

1. 安全生产监管模式的划分

按照安全生产主管机关基本职责定位的不同，安全生产监管可以划分为两种基本模式：（1）安全秩序控制型监管模式，主管机关的基本职责定位于"安全秩序控制"，强调行政部门主导下的安全秩序及全社会对秩序的服从，把生产企业与个人视为实现安全秩序的工具，并主要通过对相关生产企业及从业人员的控制来实现既定的安全目标。

（2）安全利益协调型监管模式，监管机关的基本职责定位于"安全利益协调"，强调各安全利益相关者在安全治理中的主体地位，充分尊重各方的利益诉求并通过协调各方利益来最大限度地调动各方安全管理的积极性。在促进行业健康发展的前提下，维持一种与生产力发展水平相适应并基本符合社会期待的安全生产形势。

2. 安全生产的现实意义

现代社会对安全生产的要求越来越高，安全的内涵和外延也在不断地深化。无论是国际公约还是国内立法，都对生产过程中涉及的生命、财产与环境安全提出了许多强制性规定。一些国际性专门组织在制定安全规则和标准时，对生命与环境的安全要求都非常之严。作为负责任的发展中大国，我国既不能等安全条件完全"成熟"后再组织生产，又不能漠视社会公众的安全期待，以牺牲安全来谋取眼前的经济成长。如何解开"经济与安全两难"的死结，实现经济发展与安全态势相对稳定协调是我国安全生产监管面临的基本任务。如何让有限的公共资源发挥最大的社会安全效应，调动整个社会提升安全生产管理水平，是对国家安全生产监管模式的重大考验。安全生产监管的主要目标是建立一种适应社会发展的安全环境。安全生产监管应当跳出"判官"角色，从"个案追究"转向"社会整体利益协调与平衡"，寻求社会生产的和谐稳定与可持续成长，这也是安全生产监管的现实意义。

安全生产监管涉及安全生产的各个环节，涉及社会的各个利益层面，它需要某种外部的监管力量以维持一个相对公平的制度环境，更需要一种内在的安全动力。如果把安全生产监管模式视为整个社会安全生产监管的一种制度化安排，那么该安全生产监管模式是否科学，不在于它本身是否符合某种科学原理、是否具有某种先进性或创造性，而在于它实际执行的效果，即能否借助法律、经济与道义手段激发安全管理主体的内在动力。安全生产监管模式是否完善，取决于其是否有助于先进安全技术的推广及社会安全服务能力的提升，但归根结底取决于它能否充分与安稳地完成社会安全利益的协调，能否有效地触及各方利益神经，激发他们维护自身安全利益与共同安全利益的积极性。

3. 对我国安全生产监管模式的启示

在我国，提到"安全生产监管"，人们就会很自然地想到国家安全生产职能机关。但从世界范围看，人们更加注重的是"以利益制衡利益"，更推崇具有利害冲突的"利益相关者"之间的相互监督。在为捍卫自身利益而对他人实施监管的过程中，只有这些"利益相关者"掌握了必要的安全知识与技能，这样的监管才是最到位的。

我国现行生产安全管理体制是"国家监察、部门监管、行业管理、企业负责、群众参与、社会监督"。这里所说的"行业管理"并不是指"行业协会自主管理"，而是指"行业归口管理部门与企业主管部门，要在组织管理的本行业、本部门经济工作中，加强对所属企业的安全管理"。这是"以人为本"执政理念的产物，它糅合了宏观与微观两个层面，它追求的是一种相关行政部门"管制"下的安全秩序，强调生产企业与劳动者对安全主管机关的服从。

与此形成鲜明对比的是，一些并无"主权"的国际组织却通过自身的不懈努力，协调各方利益，争取各国政府与国际社会各利益方的支持，并通过将这些支持转化为对国际条约谈判及条约实施的支持，实现全球范围的"社会自治"。

第四节　安全生产监管的分类

一、直接监管

（一）直接监管的内涵

直接监管指由政府行政机构直接实施的能直接发生法律效力的干预行为。在直接监管中，要区分监管者与被监管者之间的关系。一般来说，直接监管的具体监管者和具体监管对象是由作为名义监管者的公共机构和作为名义被监管者的企业之间的具体关系决定的，并主要取决于企业的产权即企业的产权结构和产权性质。

（二）直接监管的分类

1. 经济性监管

这方面监管主要是处理生产经营单位之间及生产经营单位和消费者之间的关系。主要是相关行政部门在价格、产量、进入与退出等方面对企业决策所实施的各种强制性制约，具体包括对进入、退出以及投资等方面的活动所进行的制约和限制。根据监管理论和国际上的相关实践，经济性监管的作用更多地集中于电信、电力、交通等一些特殊的产业领域。由于这些产业存在自然垄断的特性，监管的重点主要是相关行政部门对市场准入等方面的控制。因为无论怎样引入竞争，这些部门仍会有一定程度上的自然垄断，这既与其技术经济特征密切相关，又与这些领域的竞争不充分相关。因此，单靠市场的力量不足以约束这些行业中企业的垄断行为，需要政府将经济性监管作为与竞争政策互补的一种实施产业监控的工具，其目的就是为了防止发生资源配置低效率。

2. 社会性监管

这方面监管偏重于处理生产经营单位的行为可能给消费者和社会带来的不健康或不安全问题。社会性监管是不分产业的监管，对应于外部性、非价值性问题，主要是以保障劳动者和消费者的安全、健康、卫生、保护环境，防止灾害为目的。具体来讲，社会性监管大体上分为以下几种：第一，是保障健康和卫生，如由药物法、医疗法等产生的监管；第二，是保障安全，即由劳动安全环境卫生法、公路交通法、建设标准法、消防法等产生的监管；第三，是防止公害和环境保护，即由自然环境保护法等产生的监管。

(三) 直接监管的发展方向

要健全和完善安全生产责任制,构建"一岗双责"、各级政府属地监管、安全生产监管部门综合监管、行业主管部门直接监管的责任体系,把安全生产责任落实到岗位、落实到人头,坚持做到管行业要管安全、管业务要管安全、管生产经营要管安全。从目前安全生产实际情况来看,安全监管责任体系有待于进一步健全完善,"一岗双责、齐抓共管"的责任体系有待进一步推进。

二、间接监管

间接监管是指不直接具有法律效力的干预行为,但他们可以按照法律条件向有权机关提出,通过有权机关对其违法违纪行为予以纠正。

从性质和作用的领域来看,反不正当竞争和经济性监管都是对经济活动进行的监管活动。所不同的是,反不正当竞争监管主要是反对阻碍市场机制发挥作用的行为,以维护市场的竞争,它并不直接介入经济主体的决策,属于间接监管。而经济性监管是限制甚至取代市场机制,如在监管实践中政府对进入和价格的监管,由于经济性监管与社会性监管都是由行政机关直接行使监管行为,因此都属于直接监管的范畴。尽管从理论上看,不同类型监管之间的区分是明显的,但是在实践中,并不能将它们严格分开。例如,对某些设施和服务的质量的监管,既可以视为对市场主体行为的经济性监管,也可以视为社会性监管的一部分。

直接监管主要是相关行政部门对生产经营单位的生产经营过程、行为的直接命令和控制,在法律上有法定的监管职责。间接监管是对生产经营单位应该承担法定职责方面的参与性监管。直接监管主要是通过政府行政命令的方式进行的,间接监管更多的是借助市场力量,通过政府运用一定的标准对市场机制及市场机制的各种构成主体实施影响达到一定的安全水平。政府和市场是决定安全水平的两支重要力量,相关行政部门通过设定标准,建立秩序,确定两种力量的实施,或者在一个领域里确定两种力量的分工程度实现其监管目标。

三、行业监管

(一) 行业监管的内涵

行业监管就是在公开、公平、公正的原则下,通过督察、检查、抽查、巡查等方法,从实体和程序两个方面对进入行业的事业体和事件进行监督管理,以保证行业安全管理目标得以实现。行业监管的范围限于本行业,监管对象包括本行业企业、事业单位。部分行业有行业法规依据,依法实施监管;部分行业无行业法规依据,根据"三定"方案实施管理。行业监管的职能有两个方面:一是全面组织本行业安全生产监管工作，承担行业管理责任；二是对其他部门负责的专项监管工作承担行业配合责任。根据相关法律法规规定，部分行业监管部门依法承担本行业特定领域的监管主体责任。如建筑安全，住房和城乡建设委员会作为建筑行业安全生产的综合监管部门，负责全面组织管理建筑行业安全生产监管工作，对本行业涉及的消防、职业卫生等专项监管工作承担管理责任，支持配合公安、安监、卫生等部门履行专项监管职责。

（二）行业监管的目标

要有效开展行业监管，要先明确行业管理的目标，从而明确行业监管的内容与目的。行业管理的主要目的：一是明确界定安全管理的属性，并据此确定安全管理控制目标和模式等；二是协调政府及其公共部门、非政府组织、公众的活动，明确界定产业安全风险，规定事业体的进入和退出门槛，促进行业有组织的协同生产；三是确定安全管理的生产标准、服务标准；四是制定监督评价机制，包括奖惩条例。

（三）行业监管体系的基本框架

1. 法律规范系统

法律规范系统是行业监管的前提和保障。行业监管应以法律法规、行业规章制度和相关技术标准为依托，监管机构也需要法律授权方可开展监管活动。没有完备的法律规范系统就不可能有完善的监管体系。行业监管的法律规范系统应与我国基本法以及部门规章、标准规范相一致。

2. 执法监管系统

执法监管系统是行业监管的核心。职责健全和专业设置得当的执法监管机构、高素质和专业化的执法监管队伍、完善和高效的执法监管机制是行业监管到位的基本保证。分工协同、专业监管是执法监管的核心。

3. 科技支撑系统

科技支撑系统为行业监管提供政策和技术支撑，包括监管政策研究机构、监管设施研发机构、信息管理与信息公开机构、业务培训机构及其相关机构。

4. 服务保障系统

服务保障系统为行业监管的其他系统提供制度支持和服务保障，并协调处置突发和应急事件。

（四）正确处理综合监管与行业主管的关系

正确处理综合监管与行业主管的关系，不可越位，也不能缺位。《中华人民共和国安全生产法》第九条明确了安监部门与其他负有安全生产监督管理职责的部门的权限。安全生产监督管理部门履行监督管理职责要科学认识和处理综合监管与行业主管的关系，既要全面履行自己的职责，集中精力突出抓好自身主管的危险化学品、烟花爆竹、非煤矿山等高危行业的安全生产，按照谁主管谁负责的原则，切实担负起监管主体的责任；对工商贸行业的安全生产工作，严格按照职权法定的原则，严格履行好监督监察的责任。同时，对于建设、质监、消防、教育、国土资源、交通、水利等其他行业的安全生产监管工作，严格依据法律法规界定的职责和程序，借助安全生产委员会的机构，发挥规划、指导、监督等宏观作用，管理职责的部门提供安全生产信息、规划与技术支持指导，但不能代替这些部门的工作。更不能以综合指导为由，越权监管。当然也不能以有主管部门监管为由，放弃综合监管的职责。

四、属地监管

（一）属地监管的内涵与要求

属地监管，是指安全生产工作实行属地管理，本辖区、本单位、本部门的主要负责人是安全生产工作的第一责任人，本着"谁主管谁负责"的原则，主要领导亲自抓，分管领导具体抓。属地即工作管辖范围，可以是工作区域、管理的实物资产和具体工作任务，也可以是权限和责任范围。属地特性有明确的范围界限，有具体的管理对象（人、事、物等），有清晰的标准和要求。属地管理即对属地内的管理对象按标准和要求进行组织、协调、领导和控制。

（二）属地监管的发展方向

1.属地管理的规定、标准、要求一视同仁

属地监管系统安全生产管理的一个原则，它与分级管理相结合，形成一个系统性的管理链条。实行属地监管，能更好地体现"谁主管、谁负责""谁审批、谁负责"的原则，更好地明确管理责任，确保一方平安。首先，安全生产属地监管的范畴是本辖区、本部门、本单位的"分内"之事。属地监管的指向非常明确，属地管理的规定、标准、要求一视同仁，否则，不利于区域性安全生产工作的整体部署和推进，不利于安全管理的整体协调和执行，容易造成"特权企业""另类企业"或漏管失控。其次，安全生产属地监管原则既是《中华人民共和国安全生产法》第八条、第九条的规定要求，也是安全生产性质和我国行政区域划分及安全监管体制的内在本质体现。

2.对属地管理的深度和广度进行加强和改革

属地管理作为行政管理的一种模式有其存在的合理性，特别是在我国以区域划分作为管理主导的国情下，属地管理确实便于加强区域性的行政作为和管理。从长远来看，还要对属地管理的深度和广度进行加强和改革，从制度、法律和体制上予以保障。但是在现实中，不能排除一些地方为了减少管理上的麻烦和减轻工作压力、避免责任的承担，把"属地管理"绝对化和模式化，把额外的责任和矛盾推给基层，让基层成为一切矛盾的"包容体"的情况。从表面上看，这种管理模式把一切矛盾和问题化解在基层，考验和锻炼了基层组织和相关行政部门的执政能力，加强了基层干部的能力建设，而实质上会成为某些主管部门、职能部门推脱责任的借口。从法律角度上说，相关行政部门的职能大多是服务性而非执法性的，一旦出现安全事故，"属地"的相关人员都要受到连带责任的惩罚，由此，需要对属地管理中的责与权、权与利的管理进行调整和改进。

3. 强化相关配套措施

（1）"条"与"块"之间要有一个明确的责任划分，"属地管理"属于"块"的范畴，那么主管部门、行业部门应承担什么责任？是否可以这样划分：主管部门、行业部门承担安全生产"日常管理责任"，当地安全生产监督管理部门承担"监督责任"。

（2）要对不同的企业进行分级分类。即什么样的企业、什么样的工程、什么样的设施"属地"到哪一级，不要除总部总公司以外的所有分公司、子公司及其所属单位统统往下"属地"，结果哪一级都是"二传手"，反而造成责任不明。

（3）要把相应的监管手段适当下放。如安全设施"三同时"的审查监督、承包承租单位的资质审查、安全生产制度落实等情况督察考核等的权限和手段可以下放给当地有关部门，使责任和手段基本配套。这样，才能上下一致、左右协调地开展安全生产监督管理工作，形成科学的责任体系，真正发挥安全生产"属地管理"应有的功效。

五、综合监管

综合监管，是指各级人民政府安全生产监督管理部门，依照法律法规所赋予的权限，对辖区内的安全生产工作进行宏观管理和指导，代表政府履行监督检查、综合协调、行政执法等方面的职责，从而保证国家的各项方针政策与安全生产法律法规在本地区得到全面的贯彻落实。综合监管属于宏观的、高层面的、全局性的监管。其功能主要是运筹谋划、导向促进、立规执法、组织部署、监督检查、指导协调、宣教培训、统计分析、综合调度等。它是相对于部门专项安全生产监督管理而言的。它的基本内涵包括两个方面：一是对各行业、各领域安全生产中普遍存在的共性问题进行综合监督管理；二是对各项专项监督管理工作进行协调、指导和监督。要做好安全生产综合监管工作，就要从这个大概念、大安全的角度，全面理解和对待安全生产综合监管工作。

（一）安全生产综合监管的角色定位

从相关行政部门在安全生产监管工作中所处的地位、层次分析，综合监管与专项监管等其他监管并不是处于同一水平面、同一层次、同一角度上。要正确处理好综合监管与其他监管的关系，就要搞清楚自己的角色定位，只有摆正了自己的位置，在综合监管工作中才能不至于与其他监管部门产生冲突和矛盾。

1. 安全生产综合监管的角色定位

（1）综合监管是一种处于较高层次、较为宏观的监管，作用是在安全生产工作的推进上。它所处的层次要高于其他监管，综合监管部门可以对行业管理部门的安全生产工作情况进行指导、协调、监督与检查。

（2）综合监管是一种综合性、全局性、全面性的监管，它的工作对象更多地表现为下一级政府及安全生产专项监管部门，也就是说，综合监管在一定程度上代表上一级政府对下一级政府的安全生产工作情况进行的监督。综合监管的目的在于保证政府对安全生产工作的全局决策，总体部署与重大举措能正常地推进，有效地落实。

（3）综合监管工作的主要职责在于确保安全生产工作方针政策与总体部署的落实，重点在于对各负有安全生产专项监管职责的部门进行协调、指导、监督与检查，是对部门安全生产监管工作的再监管。

综合监管的对象不是生产经营单位，而是同级政府部门和下级政府，履行的是行政监督责任。监管的内容不是具体的安全生产状况，而是政府部门履行安全生产监管职责的情况，包括履行法定职责和管理职责两个方面的情况。

2. 安全生产综合监管的监管手段

监管对象、内容的特殊性决定了监管手段的特殊性。目前主要有两种：一是采用考核、督察等方法直接对政府及其部门进行监督检查；二是通过对生产经营单位的抽查，评估有关部门履行监管职责的情况。安全监管部门作为政府在安全生产领域的综合监管部门，负责本行政区域内安全生产的宏观管理，对消防、道路交通、建筑、特种设备、水利渔业、林业、农机、教育、文化、卫生等行业系统实施综合监管、指导、协调有关部门履行职责。

3. 安全生产综合监管的职责定位

《中华人民共和国安全生产法》对综合监管两个方面的职责定位很明确：一是综合管理，二是行政监督。关于综合管理，已有一些成熟手段和措施，如形势分析、工作通报、工作协调、例会制度等；关于行政监督，目前主要采取综合考核、监督检查等措施，在具体实施方面还需继续探索。

安全生产监督管理的工作定位要服从职责定位，否则，监管的体制机制难以有效运行。随着监管工作的逐步深入，综合监管工作定位的重要性越来越凸显，这将会在一定程度上影响综合监管职能作用的发挥。如建筑安全监管，住房城乡建设部门依据《建设工程安全生产管理条例》，负责建筑施工单位安全生产的监管；综合监管部门依据《中华人民共和国安全生产法》等法规，负责住房城乡建设部门履职情况的监督。实际工作中若处理不好监管和监督的关系，往往造成工作角色的错位，监督演变成监管，其结果是部门工作交叉，对企业重复检查，重复执法。

（二）正确把握综合监管的原则

1. 综合不包办

综合部门受政府委托牵头组织有关部门共同抓好安全生产监管工作，应当调动各方面力量，发挥有关部门的积极性，及时研究解决和协调各部门工作中的重大问题，出主意、想办法、多支持，为有关部门分忧解难。综合部门对有关部门的工作不应当事无巨细地大包大揽，包办代替只能造成矛盾，抵消力量，削弱监管力度。

2. 分工不分家

综合部门与有关部门的职责虽然很明确，但不等于各部门可以各自为政，各行其是。因为分清职责只是相对的，在工作中必然还会出现大量的具体问题，有的属于交叉问题，有的属于职责不明，有的属于新出现的问题。这就需要各部门相互协调、相互配合。譬如要开展公共消防、学校周边环境、道路交通等安全整治活动，就要由各有关部门共同参加，联合监管执法，才能奏效。检查中这个部门发现的问题属于其他部门监管的范围，就需要及时移送处理。任何一个部门的工作，离开其他部门的支持，都是管不了也管不好的。

3. 沟通不推诿

部门之间没有大小高低之分，只有职责分工之别。特别是在各部门监管力量严重不足的情况下。更需要重视和加强相互的沟通和配合，切不可自恃位高权重而独立"作战"，将其他部门拒之门外。部门之间遇到问题，沟通要一团和气，相互不应当斗气。沟通是理顺部门之间关系的"润滑剂"，没有不能沟通的问题，也没有沟通不了的问题。只要加强沟通，则一通百通。

4. 有责不推卸

按照权责一致的原则，政府部门享有权力的同时要承担相应的责任。敢于负责和知错即改是政府部门应有的政治责任感和工作作风。监管执法工作中出了问题，各部门应当勇于承担各自的责任，要有推功揽过和严于自责的气度，不可文过饰非，相互指责，推卸责任。各部门之间应当共同搭台、相互补台，不应拆台。

只有加强谅解、协同和配合，尽职尽责，才能真正做好安全生产监管执法工作。

5. 监管服务

安监部门要将综合监管寓于服务之中，在服务中加强综合监管，既要加强监督检查，又要为部门服好务。一个部门即使再强、再大也有自身解决不了的难题，安监部门要发挥自身的优势，帮助部门协调解决有关安全生产工作的难题。对一些社会关注度高，影响大的建设项目、安全事故，要帮助部门组织专家进行安全技术论证，实事求是地做出结论。要为部门安全生产工作撑腰壮胆，理直气壮地支持部门的安全生产工作，保护安监干部，调动他们的积极性。

（三）操作层面做到"四化"

1. 协同化

安全生产综合监管不是追求各有关部门自身工作的最优，而是追求各有关部门之间协同的最优，以及政府与社会组织、公众相互配合的最优。如果安全生产监管主体重复和多头管理，会降低管理效率，因此，安全生产综合监管模式需要强调部门间的协同化应优先于单个部门工作的最优化，政府与社会组织、公众间的相互配合应高于部门间协同的最优化。

2. 法治化

具体地说，在立法上要为安全生产综合监管提供强有力的法律保障和法源性依据；在执法上要建立公开、公正、公平的高效能的执法机制，实现"有法可依，有法必依，执法必严，违法必究"；在守法上要建立行政部门、社会组织和公众自觉遵守与维护安全生产法规定的机制；在法律监督上要建立包括国家权力机关、司法机关、社会舆论和公众在内的强有力的安全生产监管的法律监督机制。

3. 社会化

民主法制条件下的安全生产综合监管模式提倡公众的参与，公众的参与应与政府监管形成有机的合力。强调包括从业人员在内的公众参与安全生产综合监管，不是简单地把公众看成是安全生产监管的对象，或安全生产宣传教育的被动接受者，而应该看成是安全生产监管的参与者，应该为其参与安全生产监管创造发挥主观能动性的条件，应该让他们参与安全生产监管决策、实施、监督的全过程。

4. 科学化

安全生产综合监管要求充分利用安全生产科技成果，科技兴安，加强以社会咨询系统和管理信息系统为主要内容的科学技术支撑。安全生产综合监管需要多个相关部门快速、高效的通力合作，需要相关部门开展快速、畅通的联络，高度依赖着大量、及时、准确的安全生产信息被快速流转、处置与共享，信息网络的完善程度已经成为衡量安全生产综合监管的一个重要标志。

六、专项监管

专项监督是指在单位发展战略、组织结构、经营活动、业务流程、关键岗位员工等发生较大调整或变化的情况下，对内部控制的某一或者某些方面进行有针对性的监督检查。它通常依据专项安全生产法规，职责规定明确，专业性强，监管范围限于专项领域，一般由某个行政部门独立承担法定监管职责。如特种设备安全监管，质监部门依据《特种设备安全监察条例》，全面负责特种设备的设计、制造、安装、改造、维修等各环节的监管工作，职能集中，与其他部门交叉较少。因此，专项监管是一种相对独立的监管主体责任。监管对象包括涉及专项领域的企业、事业单位和机关。

专项监管比综合监管更直接、更具体、更专业，主要由各级人民政府的公安、交通、铁道、民航、建筑、质检等有关部门依照法律法规和授权负责实施，其基本职责是：根据各级人民政府关于安全生产工作的决策、要求和部署，提出和落实分管范围内安全生产专项监管的方案、措施；依照安全生产法律、法规，制定或拟定单行的安全生产规章、标准，并组织实施；在政府的统一领导和综合监管部门的具体指导下，依法履行专项安全生产监管和执法职责；配合综合监管部门开展重大以上生产安全事故的应急救援和调查处理工作；参加、协助综合监管部门组织的安全生产督察、检查工作；按照规定向综合监管部门报送安全生产的信息、资料。

第五节 安全生产监管的特征

一、安全生产监管的本质特征

（一）权威性

国家安全生产监督管理的权威性首先根源于法律的授权。法律是由国家的最高权力机关制定和认可的，它体现的是国家意志。《中华人民共和国安全生产法》（以下简称《安全生产法》）确定各级人民政府为负责安全生产监督管理的部门，对安全生产工作实施综合监督管理；各级人民政府的有关部门，依法在各自职责范围内对有关的安全生产工作实施监督管理。也就是说，《安全生产法》规定，由上述这些国家机关代表国家依法行使监督管理职责，以保证该法和其他有关安全生产的法律、法规能够得到正确的贯彻执行。这种对安全生产的监督管理的权威是其他种类的监督管理和其他单位的一般工作职责所不具有的。

（二）强制性

国家的法律都必然要求由国家强制力来保证实施。各级人民政府有关部门对安全生产工作实施综合监督管理和监督管理。由于是依法行使的监督管理权，它就是以国家强制力作为后盾的。这种以《安全生产法》和其他有关安全生产法律、法规为依据的监督管理关系，绝不是以被监督管理者的自觉自愿为基础建立起来的，而是不管被监督管理者是否愿意，都要接受的监督管理。监督管理部门对被监督管理对象的违法行为，包括拒绝监督检查的行为，必要时要依照法定权限作出处罚，或者依照法定程序建议，提交法定机关进行惩办。

（三）普遍约束性

依照《安全生产法》第九条的规定，各级人民政府负责安全生产监督管理的部门对安全生产实施的综合监督管理，从全面的监督管理这个意义来说，这是以安全生产工作为特定内容的监督管理。但是，对从事生产经营活动的单位来说，这种监督管理则是具有普遍约束力的。所有在中华人民共和国领域内从事生产经营活动的单位，凡有关安全生产方面的工作，都要接受这种统一监督管理，履行《安全生产法》所规定的职责，不允许存在超越法律之上的或逃避、抗拒（安全生产法）所规定的监督管理。这种普遍约束性，实际上就是法律的普遍约束力在安全生产工作中的具体体现。

二、安全生产监管的外在特征

（一）监管内容的广泛性

根据《安全生产法》和其他法律法规，安全生产的监管内容十分广泛，它涉及在中华人民共和国领域内从事生产经营活动的所有行业和领域，主要内容包括：建立和健全安全生产管理的组织机构，配备具备相应资格的人员，明确职权、责任，为安全生产提供组织保障；建立健全安全生产责任制度，使安全生产的有关事项都有章可循；制定安全技术措施，按照安全生产相关法律法规标准的要求，完善安全生产条件；经常开展安全培训和教育，提高员工的素质；进行日常和定期的安全检查；加强生产现场的安全管理；做好有关事故方面的各项工作；按照安全生产法规做好危化品、特种设备、劳保、职业病等专项监管工作。

（二）监管行为的外在性和独立性

监管要是由被监管主体以外的力量实施的行为，对被监管者来说，它是一种外在的力量，而不是一种自我的约束。对一个具体的组织来说，监管很可能成为一种良好的愿望。没有外力的监管，不是严格科学意义上的监管。

监管与被监管者之间要是两个相对平行的行为主体，监管主体的地位是独立和平等的，而不是依附的命令和服从的关系，监管者更不能处于被监管者的控制、支配之下。如果监管者的地位缺乏独立性，而受制于被监管者，监管的有效性会受到很大的限制。

（三）监管手段的制约性

监管关系绝不是以被监管者的自愿为基础建立的，不管被监管者是否愿意，都要接受监管。被监管者要按监管要求严加落实，否则面临罚款、停止生产经营甚至关闭的风险。监管者本身也要受到制约，由于赋予了监管者权威、强制力和一些特殊手段，要防止监管者滥用这些特权，造成权力危害。对监管者行使权力的监督，可以使权力之间保持一定的平衡。

（四）监管措施的多样性

1. 政策层面的措施

（1）把安全发展的科学理念纳入社会主义现代化建设的总体战略，纳入经济社会发展规划中。

（2）贯彻国家安全生产方针，要坚持标本兼治，重在治本。在采取断然措施遏制重特大事故的同时，探寻和采取治本之策。综合运用经济手段，法律手段和必要的行政手段，解决影响和制约安全生产的历史性，深层次问题，建立安全生产长效机制。

（3）加强安全法制建设，实施依法治安，建立规范完善的法治秩序，要严刑厉法，重典治乱。要在法律的贯彻执行上动真从严。

（4）落实两个主体、两个责任制，纳入政绩、业绩考核。政府是安全生产的监管主体，企业是安全生产的责任主体。

（5）实施科技兴安战略，用科技创新引领和支撑安全发展。

（6）强化经济政策导向作用，增加安全投入。建立多元化的安全生产投入机制。

（7）加强安全文化建设，提高全民安全素质加强社会监督，等等。

2. 运行层面的措施

（1）落实安全生产责任制，实施责任管理。

（2）加强安全教育与培训，增强安全意识与安全技能。

（3）严格落实安全检查，及时排查与整改安全隐患。

（4）实施安全生产标准化管理。

（5）实现生产技术与安全技术的统一。

（6）剖析安全生产事故案例，正确对待安全生产事故的调查与教育，等等。

三、安全生产监管的属性特征

（一）安全生产监管是一种特殊的公共产品

萨缪尔森在《公共支出的纯理论》中给出了公共产品的经典定义，公共产品具体的判定标准主要是非排他性和非竞争性。非排他性包含两个方面的含义：一是在技术上不能将不付费的受益者排除在外；二是虽然在技术上可以排他，但排他的成本十分昂贵，以致在经济上不可行。非竞争性包含两个方面的含义：一是边际生产成本为零。边际生产成本是指增加一个消费者给供给者带来的边际成本，而非生产增加而导致的边际成本。二是边际拥挤成本为零。凡是能够完全满足以上两个基本特征的产品和服务就可以判定为公共产品。

首先，从排他性来看，安全生产监管作为一种制度安排，主要依据各种规则发挥作用。规则的特点是一旦制定，所有生产经营单位要按照这个标准进行生产，不能将任何生产经营单位排除在外。

其次，从非竞争性来看，一项安全生产监督措施提供给被监管对象的边际生产成本和边际拥挤成本为零。基于某企业的污染排放量大，严重影响了附近消费者的正常生活，消费者联合起来向政府相关行政部门反映，当这种呼声达到一定规模的时候，行政部门便决定对该企业污染进行监管。从调研讨论到规则的最后执行，行政部门承担了供给成本，但当规则成形之后，行政部门可以将标准运用于同一类型的所有企业,被监管的企业数量递增不会增加这项安全生产监管的供给成本。

由于安全生产监管法律、制度、规则可以以零边际成本提供给所有企业,对一个企业的监管范围和程度不如对其他企业的监管效果。因此,安全生产监管不存在成本问题,即安全生产监管的边际拥挤成本为零。综上所述,安全生产监管满足公共产品的两个基本特征,因此它是一种典型的公共产品。

(二)安全生产监管具有一定的特殊属性

对一般公共产品而言,安全生产监管还具有一定的特殊属性,这主要表现在:安全生产监管是非实物形态的公共产品。大多数公共产品是有形的,处于某种实物状态,具有直观、生动、易于被感知的特点,这些公共产品基本具有正向的社会效益,相应的社会需求量较大。因而,这些公共产品面临的主要矛盾是在财政资金约束下的供给不足问题。但是安全生产监管作为制度的重要组成部分,没有具体的实物形态,相对来说较为抽象,因此,只能通过静态的时点加以考察。从投入角度来看,安全监管一般表现为法律制度、标准等,从产出角度看,则表现为安全与稳定的社会效益。

(三)安全生产监管具有某种程度的成本与收益的非对称性

安全生产监管具有某种程度的成本与收益的非对称性,通常表现为:一般公共产品具有报偿性的特点,即从公共产品中获得的收益与承担的公共产品成本具有一定的对应关系。而安全生产监管的成本与收益却存在着某种程度的分离性,安全生产监管的这种性质,即使安全生产缺乏节约监管成本的激励,又不利于培养消费者监督安全生产监管效率的主人翁意识。

(四)安全生产监管效用具有多元性

安全生产监管对不同的利益集团会产生不同的影响,对一些生产经营单位有利的监管可能会使另一些生产经营单位蒙受损失。例如,进入监管通常能够给在位的垄断企业带来收益,但对于其他希望从事该行业的企业来说则是不利的。再如,环境监管可以给消费者带来更适宜的生活环境,能够给消费者带来正的效用,消费者会从中得到收益,因而会受到广大消费者的欢迎,但会提高企业的生产成本,减少企业利润空间,在一定程度上会影响企业的进一步发展壮大。

(五)安全生产监管是一种约束型公共产品

安全生产监管是一种约束型公共产品,由一系列显性关联的约束构成,通过对被监管对象的限制性规定发挥作用。一般的公共产品可以直接给消费者带来满足,它们提供给消费者的是激励性效用。而安全生产监管是通过实施对被监管对象的限制来实现其效用的。例如,安全距离等方面的监管约束了生产经营单位的活动范围,但却为社会民众提供了身心的满足,具有较高的社会效用。安全监管这种效用的发挥是通过对企业的限制活动达成的。

（六）安全生产监管是一种手段型公共产品

生产经营单位并不能从安全生产监管本身得到满足，而是从安全生产监管的客观效果中获取收益。生产经营单位最终需要的不是安全监管政策本身，而是安全生产监管政策所赋予的权利。得到安全生产监管效用是目的，而安全生产监管政策本身则是实现目的的手段。

（七）安全生产监管具有强制性和一定的地域专用性

一般的公共产品，需求者有弹性选择的权利。而安全生产监管是单方面决定执行的，相关方只有依照规定进行相应活动的义务，没有不履行或修改监管内容的权力。安全生产监管一般通过立法和公共政策来实施，一旦制定，被监管对象要执行。

安全生产监管受价值观、意识形态等多种因素的影响，在一些被认为是成功的监管，在另一国不一定适用。因此，任何国家都不能简单照搬他国的监管模式。

四、安全生产监管的供给与需求特征

（一）安全生产监管的供给特征

安全生产监管的供给主要取决于行政部门提供监管活动的能力和意愿。行政部门的提供能力主要取决于部门提供该种监管的客观条件。行政部门是安全生产监管的主要供给者，这主要是由两个方面因素决定的。

1. 从效率层面来看

从效率角度来看，安全生产监管非排他性和非竞争性决定了行政部门供给的高效率。一方面，安全生产监管的非排他性决定了消费者在使用这类产品时，逮住有不付费的动机，倾向于成为免费搭车者；另一方面，安全生产监管的非竞争性导致其他消费者不会反对免费搭车者的行为。

因此，在一个经济社会中，只要有安全生产监管存在，免费搭车者就不可避免。私人企业如果提供安全生产监管，就无法收回成本。同时，由于安全生产监管的个体消费量是不确定的，价格机制不能有效发挥作用，竞争市场上一般很难提供这类监管，需要行政部门提供这些监管。行政部门的基本功能是提供法律和秩序。由于行政部门属于自然垄断范畴，行政部门可以用比竞争性组织低得多的费用提供上述制度性服务。

2. 从公平角度来看

从公平角度来看，行政部门监管主要是通过法律法规实现其对经济的调控作用的。简言之，行政部门监管本身就是一种游戏规则，所有经济主体都要按照既定的规则运作。那么究竟应当由谁来制定这个规则呢？显然，所有参与交易的经济主体都没有资格，而按照市场上的常规做法，这时往往会请出一个有大利益关系的"第三方"来充当仲裁者。

因此，在这个大市场中，要推举出一个公正的"裁判"来制定游戏规则并执行这些规定。虽然目前对行政部门的角色问题有较多的争议，但其仍然是公认的安全利益代表者，因此，规则制定者的角色只能由行政部门担任，安全生产监管只能由政府供给，其他团体及组织没有这个资格和权力制定这种规则。而其他公共产品的供应权则没有这么强的垄断性，其主要通过效率比较确定供给主体，因而供给主体具有多元性，既可能由行政部门提供，又可能由其他组织提供。

（二）安全生产监管的需求特征

1. 从微观层面看

安全生产监管来源于企业和消费者享用行政部门监管的意见。安全生产监管会给企业和消费者带来效用，如电力监督会给现存的电力垄断企业带来较高的垄断利润，环境监管则会为消费者提供适宜的居住环境。

2. 从宏观层面来看

微观需求是构成宏观需求的要素。宏观需求是由公正的第三方对微观需求进行权衡汇总后得到的，一般情况下，这一汇总工作由行政部门来承担。因此，行政部门拥有确定社会总需求的决定权。在理想状态下，作为公共利益代表的政府在确定社会总需求时，应当给予弱势集团的需求较多的权重系数。

3. 从安全生产监管的需求实践看

安全生产监管的发展，还进一步面临着诸多现实挑战。

（1）市场经济发展，要求安全生产监管紧密相随。市场经济的推进要求安全生产监管着力于促进竞争、消除垄断、克服市场的外部性与内部性；产权改革的推进，要求安全生产监管着力于放松管制，逐步实现对多元产权主体的间接性与监督性管理。

（2）公民社会的发展，要求安全生产监管快步跟进。公民社会的演进，要求安全生产监管转变传统的发展观念，确立科学与可持续的发展观念，保障社会成员共享改革成果；公民精神的发育，要求安全生产监管改善与民众的非亲和关系，进而提供质量良好的公共产品。

（3）国际化与全球化浪潮，要求安全生产监管从容应对。经济、社会、文化的全球化过程，要求安全生产监管消除壁垒；要求采用国际的良好做法和普适性标准。

第二章 安全生产监管的重点

第一节 安全生产监管的责任使命

安全生产监管主要肩负着四大使命，即生命安全健康、设备财产防损、社会稳定协调、经济持续发展。生命安全健康、设备财产防损是安全生产监管的首要的直接使命，安全生产监管必须坚决杜绝重特大安全事故，有效控制较大安全事故，切实减少一般安全事故，确保安全生产形势持续稳定好转。而社会稳定协调、经济持续发展是安全生产监管重要的间接使命，维护社会稳定和促进经济发展是全社会的共同任务，所有安全生产监管机构与监管人员要充分运用安全监管的特殊杠杆作用推动社会的和谐稳定与经济的持续发展。

一、生命安全健康

（一）生命健康权

1. 生命健康权的定义与内涵

生命健康权，是指公民对自己的生命安全、身体组织、器官的完整和生理机能以及心理状态的健康所享有的权利，包括生命权、健康权。

生命权是公民维护其生命安全利益的权利，主要表现为生命安全维护权。当他人非法侵害自身生命安全时，有权依法自卫和请求司法保护。生命安全是公民从事一切活动的物质前提和基本条件，生命一旦丧失，任何权利对于受害人而言均无价值。我们有权珍爱生命，维护生命安全。

健康权是公民维护其身体健康及生理机能正常运行，保持良好心理状态的权利。保护生命健康权，是刑法、民法、行政法等诸多法律部门的共同任务。非法侵害公民的生命健康权，要承担相应的民事责任和刑事责任。

2. 生命健康的现实意义

（1）没有健康，家庭不会富有，企业难以发展；没有安全，家庭不会幸福，企业也难以稳定。无危为安，无损为全，安全是指不存在能够导致人员伤害和财产损失危险的状态。安全也可以看作是人、机具及环境三者处于协调与平衡状态，一旦打破这种平衡，安全就不存在了。安全与生产是相互促进、相互制约的关系，即生产是生产经营单位的目标，安全为生产服务；安全是生产的前提，生产要安全。只有正确地认识和处理好安全与生产的关系，才能保证安全生产。

（2）人的一生，最宝贵的是生命，但是生命随时随地都有可能失去。安全是一种爱，安全的爱是领导对员工永远的牵挂；安全是一种美，安全的美体现于维系安全的行为过程之中；安全是一种情，安全的情是一种美好的感觉状态；安全是一种理，安全的理是一个社会、一个国家、一个民族用安全文化对生活方式的理性表达；安全是一种法，安全的法是文明的体现，责任的体现。安全，就像空气，与我们的生活、工作息息相关；安全，犹如阳光，我们无法承受失去它的痛苦。安全，它联系着每一个人。

（3）生命需要安全，安全是生命与健康的保障。安全就是预知人类活动各个领域里存在的固有或潜在的危险，并为消除这些危险所采取的各种方法手段和行动的总称。工业生产中的安全就是防灾害，消除最终导致发生死亡、伤害、职业病及各种财物损失的存在条件。人为了生命的生存要投入到劳动生产活动中去，而生产活动过程中又伴随着各种各样的不安全、不卫生的因素，这些都直接威胁着人的生命，毒害着人的健康。安全是人类最重要和最基本的需要，人的一切生活、生产活动都源于生命的存在，如果人们失去了生命，生存也就无从谈起，生活也就失去了意义，因此人们的生命与健康要由安全来保障。"智者是用经验防止事故，愚者是用事故总结经验。"这是耳熟能详的安全格言。因为事后补救不如事前防范，从他人的教训中可以吸取经验。有了警惕，不幸的事故就会躲开；有了防范，不幸的事故才会远离。

（二）生命健康价值

1. 生命价值的内涵

各国政府为减少公共卫生健康与公共安全的事故的发生，无不增加财政投入，加强对公共卫生健康与公共安全等公共事务的监管，减少人员伤亡，保护人的生命安全，维护人的生命价值。在倡导科学发展观、以人为本的当今中国，涉及人的生命安全的各种工伤、死亡发生时，如何赔偿，赔偿多少，如何全面准确阐释人的生命价值，从而科学评估安全生产监管效益，衡量安全生产监管目标的实现程度，是安全生产监管理论研究中要解决的一个课题。

对人的生命价值内涵的不同理解，测算出的人的生命价值也不同。经济学意义上人的生命价值，往往用货币来衡量，指的是作为个体的人的生命的经济价值，最朴素的理解就是一条人命值多少钱。在人的生命价值的实际估计方法中，生命价值指的是一个统计学意义上"平均人"的生命的价值，而不是一个具体的确定的人的生命价值。因对人的生命价值认识角度不同，经济学领域对人的生命价值理解差异较大，从而对安全生产监管效益也不能作出全面准确的评价。

2. 人的生命价值与安全生产监管

人的生命价值有多个维度，人的生命的经济价值并不是人的生命价值的全部。如果用人的生命的经济价值取代人的生命价值，则是矮化了人的生命价值。就人的生命的经济价值而言，人的劳动能力或人力资本水平或创造的收入与财富也并不是人的生命的经济价值的全部。衡量安全生产监管效益主要就是监管这些监管行为多大程度上实现并保障了人的生命价值，仅仅衡量人的生命的经济价值，并不能对安全生产监管效益作出科学全面的评估。

3. 人生命价值的重要性安全生产监管评估的困难性

人的生命只有一次，具有不可逆转性，人的生命是生命价值的载体，也是人的一切权利的载体，人的生命终止了，人的生命价值、人的权利也就无从谈起。由于生命不同于实物资产，不存在交易市场，也就没有生命价格。这就造成了在评价安全生产监管效益时评估人的生命的经济价值的困难，但至少知道有众多因素影响人的生命的经济价值。

例如，社会经济发展水平与阶段，人所受的教育程度，人力资本水平，环境质量，个体的年龄、性别、身体状况收入、遗产及所从事的行业等都可能在发展的过程中直接或间接地对人的生命的经济价值水平产生影响，而这些因素对人的生命的经济价值的影响是以人的生命存在延续为前提的。所以，人力资本水平或劳动力并不是影响或决定人的生命的经济价值的唯一因素。要全面合理评估人的生命价值，从而科学全面地评估安全生产监管效益，理论上首先要从本源上探索人的生命价值意蕴并厘清其与人的生命的经济价值之间的关系，并从哲学角度吸取有价值的理念，丰富经济学意义上人的生命价值意蕴。

4. 人的生命价值是人生命的效用价值与人生命的人道价值的统一

如果按照价值观层面，从主体、客体及它们之间的相互关系来界定人的生命价值，很自然会将人的生命价值表述为：人的生命价值就是以人的生命作为客体，为满足自己、他人与社会而被自己、他人与社会需要的有用性。这种表述揭示的仅仅是人的生命的效用价值，即人的生命作为手段、工具的价值。事实上，人不仅是手段，人还是目的，人应当是手段和目的的统一体。一切价值都是相对于人而言的，人不管是手段还是目的，其前提要是人的生命存在，人的生命能够维持延续。所以，人的生命价值除了生命的效用价值外，还应包括人的生命存在的本体论意义上的价值,即人道价值。

所谓人的生命的人道价值,也称人生命的人格价值或人生命的存在价值,它指的是人生命存在即人活着,人就具有作为人的尊严和权利,是人的生命价值的一种形式。对于一般的对象来说,其存在与否,同其是否有价值是两回事。客观存在着的东西,对人来说未必都是有价值的。但就人而言,他的生命存在本身就是有价值的,因为所有的价值关系都是以人的生命存在为前提建立起来的,人的生命存在是一切价值关系存在的基础与前提。人的生命的效用价值强调的是某一生命个体对自己、他人和社会的有用性,产生效用价值的基础首先要是有人的生命存在。一个事物有无价值及价值的大小都是相对于人来说的。人的生命存在是价值产生的载体,有了人的生命存在,才谈得上主体与客体,谈得上某一生命对自己、他人和社会的意义或有用性。

一般而言,个人的生命活动对自己、他人与社会的贡献越大,人的生命作为客体对满足自己、他人与社会的需要程度越强,人的生命的效用价值越大。只要人的生命存在,即使人的生命的效用价值为零,但人生命的人道价值也始终存在。尽管人的生命的效用价值不同,但人生命的人道价值是等价的、平等的没有差异的,是无法用货币衡量的。正是由于人生命的人道价值存在,才使人与人之间的生命是等价的。所以,人生命的人道价值是人生命的效用价值产生的基础,人的生命价值是人生命的效用价值与人生命的人道价值相统一。

人生命的效用价值是人生命的社会价值与自我价值、物质价值与精神价值的统一。人生命的效用价值就是一个人的生命对于作为主体的自身需要和作为主体的社会需要的满足。根据主体的不同,人生命的效用价值可以分为生命的自我价值和生命的社会价值,完整意义上人的生命的效用价值应是人生命的自我价值和生命的社会价值的统一。所谓生命的自我价值,是指生命活动对自身的存在与发展的满足,是个体的生命活动对自己的生存和发展所具有的价值。人的生命的社会价值是指生命存在对他人和社会的存在和发展的满足,是个体的生命活动对他人、社会所具有的贡献。一个人对社会的贡献越大,其生命的价值也就越大。从生命的自我价值来看,人的生命活动越能满足其自身的各种需要,其自我价值就越大。

5. 但人的生命的社会价值受个人生命长短所限制

人的生命的自我价值,受到人的生命长短制约,但人的生命的社会价值不受个人生命长短所限制,它既包括个人生命存续期所做的贡献,也包括死后其生前的成就、贡献和对社会的影响。有些英年早逝的科学家、思想家、发明家,尽管其生命的自我价值短,但其对后世的贡献与影响是不可估量的,因而其生命的社会价值是巨大的。在价值形态上，人生命的效用价值又具有物质价值和精神价值两种形式。对任何人而言，这些价值都是客观存在的，这些价值在不同的人身上体现的也不同。一个人活着，即使丧失劳动能力不能自食其力，不能为自己与社会创造任何财富，即使他活着是一种痛苦、感觉生不如死，但他活着对家人、朋友可以起到精神慰藉、寄托的作用或起到一种凝聚作用，尽管其生命效用价值中不存在物质价值与自我价值，但生命的精神价值与社会价值却依然存在。

经济学意义上人的生命价值与哲学意义上人的生命价值都是一种客观存在，尊重生命、以人的生命为本，强调生命的人道价值与精神价值，结合哲学意义上人的生命价值意蕴，丰富经济学意义上人的生命价值内涵，将两者结合起来才能准确全面阐释人的生命价值，才能科学全面合理评估安全生产监管效益。

二、设备财产防损

（一）设备财产防损的意义与实现方向

设备财产防损也是安全生产监管的首要使命。先进的设备财产管理是保证安全、降低成本、增加效益的最直接和最有效的途径之一。设备财产管理是以设备为研究对象，追求设备财产的层次性和安全性，应用一系列理论、方法，通过一定的管理措施，对设备财产的物质运动和价值运动进行全过程的科学管理。

设备财产风险控制是一项以安全工程、可靠性工程、风险识别与评估为基础的综合性管理，为降低风险指数，对设备财产的故障发生率实行可控管理。实时控制的三项基本方针为：坚持"依靠技术进步"的方针；贯彻"促进生产发展"的方针；执行"预防为主"的方针。并要做到五个结合，即设计、制造与使用相结合；维护与计划检修相结合；修理、改造与更新相结合；专业管理与群众管理相结合；技术管理与经济管理相结合。

（二）设备财产防损的具体实施

1. 确立设备风险控制目标

具体见表2-1。

表2-1 设备风险控制目标

序号	指标名称	目标值	目标说明
1	设备可用率	99.6%	可投运设备数与设备总数之比
2	设备完好率	100%	一、二类设备数与设备总数之比
3	设备一类率	99.5%	设备定级中一类设备的占比
4	设备事故率	0次/台·年	设备事故次数与运行设备数之比

2. 要强化设备使用管理

主要要求是：合理配备——要求配套性、平衡性、适柔性；合理安排生产——要求匹配适应性、满负荷但不超负荷；加强工艺管理——要求工艺适应设备，设备保证工艺；优化设备环境与条件——如防腐、防潮、防尘、防震、恒温、恒湿等环境和监测、抽检、警报、封闭、设施保障、人员着装等条件；要建章立制——如使用守则、操作规程维护保养规程；强化检查监督——班组长、设备员、安管员要加强监管。

3. 要强化设备的检测保养维护

主要要求是：要做好检测，如日常检测、定期检测、专项检测、精密检测。要做好保养，操作保养，如对设备零部件经常进行润滑、过滤器操作清洗、设备报警安全系统、螺丝的锁紧、震动的监测、异常信号；定期性维修保养，如停机保养如润滑油及绝缘体的更换、过滤器及法兰更换、控制系统及安全系统的校正测试；预知维修保养，如电气设备的提前检测、电机绝缘电阻的测试、压力容器与管线的无损检测。

（三）设备等级管理的创新

1. "七三制"

（1）在设备管理机构上要构建"三级网络"。结合自身实际，建立起以法人为核心的企业、车间、班组三级设备管理网络，明确职责、理顺关系。

（2）在设备管理方式上要实行"三全管理"。即设备的全面管理、全员管理和全程管理。

（3）在设备检修维护上要实行"三严"。即严格执行检修计划和检修规程，有计划、有准备地进行设备的检查和维护；严格把好备品备件质量关，力求既保证质量，又经济节约；严格抓好检修质量和技改检修完工验收关，对设备检修和技改检修实行定人、定时、定点、定质、定量，确保检修质量和技改质量。

（4）在设备安全运行上要力求"三个坚持"。即坚持干部值班跟班制度。做好交接班记录，及时发现问题及时处理，不把设备隐患移交下一班，最大限度地减少和杜绝人为的操作和设备事故的发生。坚持持证上岗制度。加大教育培训力度，使操作者熟悉和掌握所有设备的性能、结构以及操作维护保养技术，达到"三好"（用好、管好、保养好设备）、"四会"（会使用、会保养、会检查、会排除故障）。对于精密、复杂和关键设备要指定专人掌握，实行持证上岗。坚持抓好"三纪"。安全、工艺、劳动纪律与设备安全运行管理紧密相连。

（5）在设备的保养上要实行"三级保养"。指设备的日常维护保养（日保）、一级保养（月保）和二级保养（年保）。

(6)在设备事故处理上要做到"三不放过"。对一般设备事故按"三不放过"的原则处理，即事故原因不清不放过、责任者未受到教育不放过、没有采取防范措施不放过。

(7)在设备改造和更新上要注意"三个问题"。①是要注意从关键和薄弱环节入手量力而行。对设备更新改造应从企业的实际出发进行统筹规划，分清轻重缓急，从关键和薄弱环节入手才能取得显著的成效。

②注意设备更新与设备改造相结合。虽然随着科技的不断进步、新生产的设备同过去的同类设备相比，在技术上更加先进合理。但对现有设备进行改造具有投资小、时间短、收效快，对生产的针对性和适应性强等独特优点，因此，要把设备更新与设备改造结合起来，才能加快技术进步的步伐，取得较好的经济效益。

③注意设备改造与设备修理相结合。在设备修理特别是大修理时，往往要对设备进行拆卸，如果能在设备进行修理的同时，根据设备在使用过程中暴露出来的问题和生产的实际对设备做必要的改进，即进行改善性修理，则不仅可以恢复设备的性能和精度等，而且可以提高设备的现代化水平，大大节省工作量，收到事半功倍的效果。因此，在对设备进行改造时，应坚持科学的态度，尽可能地把设备修理与改造结合起来进行。

2."六注意"

(1)注意高温天气对设备的影响。在持续高温时，设备高效运转时需要注意温度过高的问题，防止设备燃烧和毁坏。

(2)注意雨水对设备的影响。进入雨季，空气潮湿，雨水多而勤，设备的防雨、防潮要提上日程。

(3)注意连续工作对设备的影响。野外工程项目，都在抢时间、争速度、连续作战，设备也满负荷，甚至超负荷运转，这种情况可以理解，但设备保养、维护一定要跟上。

(4)注意设备状况。设备高效运转，难免因"疲劳"出现损坏或不在正常状态工作。切不可带病作业，必然造成大的损失。

(5)注意对"新手"的培训。生产大忙季节，难免招用一些临时工。一些大中专毕业生也陆续前来报到，对他们的工作热情应当鼓励，但是设备的性能、操作规程、采取的防护措施，一定要向他们交代清楚，经考核确定他们掌握这些技术后，方可上岗，否则，绝不能开绿灯。

(6)注意加强对设备管理制度的学习。设备使用是有严格规定的，要经常学习，否则就是老职工也会淡忘，而不按制度规定领用设备，就难以落实设备管理制度，就有可能造成对设备的损害和对使用者本人的伤害。因此，要经常学习设备管理制度，在制度的约束下开展工作。

三、社会稳定协调

（一）安全生产事关社会的安全稳定

安全生产是国家安全和社会稳定的基石。国家安全除了需要国防抗御"外患"外，在"冷战时期"，更需要重视"内忧"——技术风险（生产安全、信息安全）、自然风险（灾害、卫生事件）、社会风险（邪教、恐怖事件）、人为风险（治安与食品安全）等。安全生产状况是国家经济发展和社会文明程度的反映，使所有劳动者拥有安全与健康的工作环境和条件，是社会协调，安全、文明、健康发展的基础，也是保持社会安定团结和经济持续、快速、健康发展的重要条件。

安全问题不仅对生命个体非常重要，而且对社会稳定产生重要影响。社会稳定的基础之一就是人们都能安居乐业，有安全感。劳动者在生产劳动中安全和健康，对家庭这个社会细胞有着举足轻重的作用，家庭成员的普遍安全感将对社会安全起稳定作用。各种安全生产事故往往会造成惨重的人员伤亡，给受伤人员和死亡者家庭带来巨大的、终身难以平复的痛苦，使一个幸福美满的家庭突然失去完整。况且现今大部分的劳动力都是独生子女，这些人一旦发生伤亡事故和职业病，至少要影响3个家庭4个老年人的生活。即使实行高额赔偿、抚恤政策也很难消除人们的悲痛。如果处理不当，就会激化社会矛盾，酿成局部的动乱和全社会的不稳定。有的事故还会影响周边地区的安全，甚至超越国界，引起世界性的灾难和不安。

随着人们生活的稳定、物质水平的提高和社会的进步，人们的价值观念、需求关系也随之发生深刻的变化，即从低级向高级发展，由物质向精神发展。人们对于劳动条件和生活环境提出了更高的要求。安全的要求已经提高到为职工的生产劳动创造更为幸福、舒适的安全环境和秩序的一个更高层次。如今人们已把安全列为当今社会精神文明建设的一项重要内容。人类社会的文明程度越来越高，则对人身的安全健康也就越来越重视，具体表现在人们在选择职业时，对劳动条件的要求越来越高，某些危险度高、劳动条件差的企业和工作岗位招不到工，充分说明了人们对安全保障的需求更高，这也在一定程度上鞭策生产经营单位加大安全投入，改善劳动条件，进一步提高生产经营单位安全度，确保职工的安全和健康。

（二）安全生产事关中国国际形象和国际市场的竞争力

我国的国家性质，决定了做好安全生产，劳动保护、提高职业安全健康水平和提高安全生产保障水平是国家和社会的重大责任与义务。如果重特大安全生产事故不断发生，职业病发病率过高，这对我国的国际形象极为不利，也与世界经济一体化提出安全生产标准国际化的要求背道而驰。

无论从保护劳动者的健康，完善中国特色社会主义市场经济运行体制，促进国家社会经济健康发展出发，还是从顺应全球经济一体化的国际趋势，保证国际经济活动安全顺利地运行考虑，都应注重安全生产，否则将影响中国的国际形象和国际市场竞争力。

（三）安全生产水平反映我国"人权"标准

生命权和健康权是最基本的人权。保障劳动者、公众和个人的生命安全与健康，落实安全生产方针、做好劳动保护工作，是重视人权、体现人权的最重要的原则。"劳工生命安全与健康权利是神圣不可侵犯的权利"，这是国际劳工组织推崇的基本理念。因此，每一个企业生产经营人员或每一个社会公民，都应该站在人权的高度来认识安全生产工作。如果安全生产问题严重，将会受到国际社会的指责。

四、经济持续发展

现代安全经济学"三角形理论"认：经济为两条边，安全是一条底边，没有底边的支撑，这个三角形是不成功的。"经济发展再快，没有安全就构不成稳定的三角形。"任何一个安全生产监管工作者、任何单位尤其是生产经营单位都要正确认识安全与发展、安全与效益的关系，保持安全生产形势稳定，为经济跨越式发展保驾护航。因此，正确处理好安全与经济之间的关系，对任何国家、任何组织来讲，都是一个至关重要的问题。

（一）经济发展是安全生产工作的物质保障

在经济欠发达地区，因为经济基础较弱，生产力水平不高，在安全生产上投入的资金就相对较少，较为依赖自然环境。因此，要做好安全生产工作就要增加安全投入，要增加安全投入，就需要有经济发展做后盾。所以，要牢固树立"发展是第一要务"的观念，先进生产力的发展要求是一切社会变迁的终极原因。安全生产需要的大量投入，有赖于经济发展的支撑。安全生产状况与经济发展水平密切相关，发达国家走过的路证明了这一点。众多国家的经验表明，当一个国家人均GDP达1万美元时，事故发生率呈下降趋势波幅很小；当人均GDP超过2万美元时，事故就得到有效控制。

（二）安全投资促进经济效益增长

1. 安全是潜在的效益

所谓潜在，就是在初期看不见、摸不着，存在于事物内部不容易被发现或发觉，潜含在整个生产的全过程或结果之中。安全具有正、负效益的两重性，安全生产是潜在的正效益，不安全就是潜在的负效益。潜在的正效益来自安全生产的全过程，反之，都是潜在的负效益。正效益蕴含在整体效益中，不明显；而负效益非常明显，经济损失相当严重，有的甚至无法估量。即使经济效益好的生产经营单位，只有确保安全生产，平安无事，取得效益才是实实在在的，否则，就有可能产生负效益或效益的负增长。因此，要从安全与效益潜在的两重性中，进一步认识安全工作的重要性，把它看成生产经营单位整体效益的一部分。

2. 安全效益的显现方式较为特殊，有"显性"和"隐性"效益

实施安全投入后，即可消除不安全因素，改善劳动条件，提高劳动生产率和效益，或因工艺技术的改进，安全性能得以提高，产品产量也能大幅度上升，或产品质量提高而增加效益，这是显性效益，易被领导者所接受。另一种安全投入看似只有输入没有输出，实际上却起着潜在效益的作用，其收益远大于其投入。投入的安全设施越好，伤亡、中毒事故的负损失就越少，相对增加正效益越多，企业安全度越高，越能解决职工的后顾之忧，就越能保证企业经营活动顺利进行，就越能使精神力量变成巨大的物质财富，也就越能为企业创造出更多的经济效益，同时还为企业经济效益持续增长打下扎实的基础，即为"隐性效益"。但这隐性效益往往是会被领导者忽视的经济效益的增长点，绝不可视而不见。

因此，企业负责人应牢固树立安全防护效益观，来指导企业的安全生产活动。较高的盈利来自高效益，而高效益的前提是安全生产和文明施工。企业要发展就需要有良好的环境，好的安全环境对企业、对社会都有好的效益。劳动条件和环境的改善，能使职工在良好的安全环境下，心情舒畅地工作，伤亡事故势必减少，财产损失也会大幅度降低，工作效率相应提高，这是实实在在的长期效益，这在国内外的实践中已得到有效的验证。

3. 安全投资无论是人力投入还是资金投入，获取的经济效益都是可观的

安全投资和生产经营单位的经济效益有着一定的关系。安全投资少，会严重影响生产经营单位安全进展速度和水平，另外，企业的经济效益也会受到制约。因此，生产经营单位在考虑经济效益的同时也一定要加大安全投入。

（三）安全生产是经济发展的前提和基础

安全是保护劳动生产力、提高经济效益、发展经济的首要条件。没有安全的发展是不健康的发展，没有安全的效益也只能是暂时的效益。从某种意义上说，同等生产力水平条件下，经济发展与事故发生成正比，经济发展速度越高，事故发生概率就越大。但是，如果具备完备的安全设施。到位的预防措施，事故发生率就会大大降低。

现代化大生产的发展，如大型化工、冶炼、电站的投建和应用；大型建筑物的架设和施工，大型动力。机械设备的使用；有毒有害物质的种类、数量和接触人数的增加；化工工艺的采用、高新技术的应用，等等，在给人类创造出巨大物质享受的同时，如不重视安全，同样会给人类带来巨大的灾难。因为这些大型设备设施其危险源较原类似设备设施的类型增多，其能量剧增，如机械能。电能、热能、核能、化学能等，这些能量一旦失控，重大恶性事故的发生频率就会明显增加，其后果将不堪设想。如今安全问题不再仅仅局限于生产领域，还突破了时间和空间的限制，存在于人们日常生活和生产活动的全过程中。而这些大型设备设施一旦发生事故，更具突发性、灾难性和社会性。任何生产经营单位不能忽视安全风险，即面临造成人员伤亡。健康损害和设备、原材料、产品等财物损失方面的风险，也不能以资金短缺为由对安全不投入，更不能在经济利益驱使下，急功近利片面追求产值。如果漠视安全，其结果必然是将安全风险转化为巨大的损失。

生产力三大要素中，人是最具决定性的要素。人类的生产活动自产生以来，便存在事故隐患，安全生产的本质就是不断消除隐患、遏制事故，保护劳动者的生命安全与健康。安全生产对经济发展有巨大的贡献，而且行业风险越大，贡献也越大。生产是一种复杂的物质转换活动，活动过程中会遇到各类事故隐患。安全生产通过排除隐患、遏制事故，用尽量少的劳动消耗和物质消耗，生产出更多符合社会需要的产品，从而促进了生产力的发展。

第二节 安全生产监管的依据

任何监管都有其科学依据。多数人认为安全生产监管的依据是有关安全生产的法律、法规、标准及政策，但笔者认为安全生产监管的依据应该是从安全规律中总结出来的基本原理。因为任何法律法规及政策的制定都必须符合这些基本原理。只有掌握并运用好这些基本原理，才能把握安全生产监管的本质。因此，安全生产监管的核心依据是安全科学原理、本质安全原理、事故致因原理、安全系统原理和安全经济原理共五个基本原理。

一、安全科学原理

（一）安全科学技术发展的历史、现状和趋势

1. 安全科学技术发展历史

（1）20世纪50年代初期至70年代末期。国家把劳动保护作为一项基本政策实施，安全技术作为劳动保护的一部分而得到发展。在这一时期，为满足我国工业生产发展的需要，国家成立了劳动部劳动保护研究所、卫生部劳动卫生研究所、冶金部安全技术研究所、煤炭部抚顺煤炭科学研究所、煤炭部重庆煤炭科学研究所等安全技术专业研究机构，发展了防暑降温、工业防尘技术、毒物危害控制技术、噪声控制技术、矿山安全技术、机电安全技术、个体防护用品及安全检验技术等。

（2）20世纪80年代。我国安全技术相继得到了快速发展，主要体现在以下几个方面。

①建立了从事安全科学技术研究的科研院校、中心等研究机构。尤其是1983年，中国劳动保护科学技术学会正式成立后，加强了安全科学技术学科体系和专业教育体系的建设工作。

②设立了安全科学技术及工程多层次专业教育体系。1984年，教育部将安全工程专业列入《高等学校工科专业目录》。1986年，在部分院校设置了安全技术及工程专业学科硕士、博士学位，使得我国在安全学科领域形成了完整的学位教育体系。据不完全统计，到20世纪80年代末期，全国有多所大专院校设置了安全工程、卫生工程专业本科或专科，我国安全科学技术教育体系初步形成。全国各地大型劳动保护教育中心逐步发展起来。在企业，数以万计的科技人员活

跃在安全生产第一线，从事安全科技与管理工作。中国科学技术大学、北京理工大学相继建立了火灾科学国家重点实验室、爆炸灾害预防和控制国家重点实验室。可以说，已初步形成了具有一定规模和水平的安全科技队伍和科研体系。

③国家对劳动保护、安全生产的宏观管理开始走上科学化的轨道。1988年，劳动部组织全国多个研究所和大专院校的多名专家、学者完成了"中国2000年劳动保护科技发展预测和对策"的研究。这项工作使人们对当时我国安全科技的状况有了比较清晰的认识，看到了我国安全科技水平与先进国家的差距，为进一步制订安全科学技术发展规划提供了依据。1989年，国家中长期科技发展纲要中列入了"安全生产"专题。国家将安全科学技术发展的重点放在产业安全上。核安全、矿山安全、航空航天安全、冶金安全等产业安全的重点科技攻关项目列入了国家计划。

④初步形成了综合性的安全科学技术研究的基础。一方面，劳动保护服务的职业安全健康工程技术得到继续发展；另一方面，开展了安全科学技术理论研究。在系统安全工程、安全人－机工程、安全软科学研究方面进行了开拓性的研究工作。20世纪80年代初期，安全系统工程引入我国，受到有关研究机构以及许多大中型企业和行业管理部门的高度重视。通过消化吸收国外安全分析方法，我国的机械、化工、航空、航天等部门研究开发了适合本行业特点的安全评价方法或标准。现代管理科学的预测、决策科学和行为科学以及系统原理、人本原理、动力原理等理论逐步应用于企业安全管理实践中。在人－机－环境系统工程思想指导下，开展了安全人－机工程学研究。在研究提高设备、设施"本质化"安全性能、改善作业条件的同时，还研究了预防事故的工程技术措施和防止人为失误的管理和控制措施。

（3）20世纪90年代。我国安全科学技术进入了新的发展时期。主要表现在以下几个方面。

①国家标准《学科分类与代码》将安全科学技术列入一级学科。

②国家"八五""九五"科技攻关计划中列入了安全科学技术攻关项目；国家基础性研究重大项目中列入了"重大土木与水利工程安全性与耐久性的基础研究"项目。

③安全工程系列专业技术人员职称评审单列。1997年，人事部、劳动部发布了《安全工程专业中、高级技术资格评审条件（试行）》。

④劳动部颁布了《安全科学技术发展"九五"计划和2010年远景目标纲要》。

⑤对职业健康安全管理体系（OHSMS）等国际先进的现代安全管理方法展开研究和应用。

⑥至21世纪初，安全科学技术研究和专业教育的发展更趋迅猛。中国安全生产科学研究院的挂牌是其重要标志，各个行业、各个领域及各地方都相应成立了安全科学研究院所或技术中心。

⑦安全科学技术国际交流合作更为广泛。

（4）21世纪初。我国安全科学研究取得的成果主要表现在以下几个方面。

①建立了安全科学技术研究机构和安全工程专业教育体系，形成了安全科学技术研究群体，提出了安全科学学科体系，形成了安全管理学、安全人–机工程学、安全经济学等应用基础学科，发展了安全工程学并在各个领域得到广泛应用；发展了安全科学技术的研究和分析方法。

②开展了人的工作能力与机器（设备）和环境之间的关系、人的可塑性，人体疲劳和人为失误等方面的基础研究，提出了多种人的数学模型和人为失误评价与测试方法。

③开展了火灾、爆炸、毒物泄漏等事故机理研究，建立了矿井火灾、建筑火灾、森林火灾、煤矿瓦斯爆炸、炸药爆炸、可燃气体和粉尘爆炸、重要毒物泄漏扩散事故过程的理论模型和实验方法。

④开展了机械装备及重大土木工程与水利工程安全链研究，发展了压力容器、压力管道安全评价与寿命预测技术，提出了建（构）筑物破坏模型、钢筋混凝土高层建筑在施工过程中的安全性分析及控制措施等。

⑤开展了安全管理和安全评价理论和方法研究，提出了多种企业安全管理模式和安全评价方法，如危险源辨识评价方法、机械工厂安全评价方法，固体废弃物风险评价方法、职业安全健康管理体系试行标准等。

⑥研究开发了一系列工业粉尘危害、毒物危害、辐射危害、噪声危害预防控制技术和装备。研究开发了一系列机械安全装置和电气安全防护技术与装备，研究开发了一系列品种齐全的个体防护用品与装备。

⑦研究开发了尘、毒以及易燃、易爆气体检测仪器和自动检测系统，研究开发了特种设备，建（构）筑物安全检测和监控系统。

⑧研究开发了矿井瓦斯爆炸、矿井火灾、顶板事故、矿井透水、矿井防尘、冲击地压、边坡滑移、运输事故、矿山救护等矿山安全技术和装备。

⑨研究开发了一系列消防产品和消防应用技术，如灭火药剂、灭火装备、阻燃材料、快速内应喷水灭火系统、智能化火灾探测报警系统等。

⑩研究开发了道路交通监控系统、列车运行安全监控系统，近海及内河水面船舶事故应急救援系统，驾驶适应性检测系统等交通安全应用技术和装备。

2. 安全科学技术发展现状

我国已初步形成了安全技术法规、标准体系。国家颁布了多项职业健康安全技术标准。为了与国外职业健康安全管理标准接轨，1999年，国家经贸委发布了《职业安全健康管理体系试行标准》。2001年，经国家标准化委员会批准发布国家标准《职业健康安全管理体系规范》。长期以来，我国的安全科学技术研究成果获得省、部、市级科技进步奖的数量多不胜数。"矿井瓦斯突出预测预报""矿井开采深部瓦斯涌出预测方法及区域治理""防静电危害技术研究""高效旋风除尘器"等多个项目获得了国家科学技术进步奖，并产生了巨大的经济和社会效益。

3. 安全科学技术发展趋势

（1）形成完整的安全科学理论体系和方法论。几十年来，我国安全科学的基础理论体系表现为分散状态。安全科学技术专家、医学家、心理学家、管理学家、行为学家、社会学家和工程技术专业人员等从各自的研究立场出发，以各自的分析方法进行研究，在安全科学的研究对象、研究起点、研究前提、基本概念等方面尚未统一。安全科学没有形成一个演绎的体系。21世纪安全科学应重整自己的理论体系，夯实理论基础，使其科学性得到不断升华。任何一个学科都有自己独特的分析方法，在发展过程中还应不断地创新。安全科学作为一门新兴的交叉学科，其在吸纳其他学科分析方法的同时，应不断形成自己的方法体系，并逐渐成熟。

（2）安全科学技术研究内容继续深化和扩展。21世纪的安全科学技术，一方面，将继续发展和完善事故致因理论、事故控制理论和安全工程技术方法。在更大程度上吸收其他学科的最新研究成果和方法；另一方面，随着生产和社会发展的需要，将会深入研究信息安全、生态安全、老龄化社会中的人的安全等问题。

（3）安全管理基础理论与应用技术研究，将以建立和完善市场经济条件下，我国安全生产监察和管理体系为中心，形成完整的安全管理学、安全法学、安全经济学、安全人-机工程学理论和方法。

（4）安全工程技术研究将以预防和控制工伤事故与职业病为中心，一方面，产业安全工程技术将继续得到发展；另一方面，将会大力发展安全技术产业，以满足我国经济发展和人民生活水平大幅提升的需要。

（二）安全现象、安全规律和安全科学的内在联系

安全科学是一门以人为中心的综合学科，其本质是以人为本，其核心思想是安全系统思想。

安全现象是可观测的安全状态表象，安全规律是藏在安全现象背后的内在联

系，安全科学是关于安全现象与安全规律的理论体系。安全科学可以由安全现象到安全规律，再发展到安全科学。安全科学体系包括生命、自然、技术、社会和系统五个要素，"生命"理所当然地成为第一要素，而有形和无形的"物质"是附属于人的，在安全重要属性排序上，它们是次于生命的；之所以把"自然"与"技术"作为两大要素，主要原因是自然科学更多的是研究揭示自然现象，而技术科学更多的是研究"人造环境和人造物"的科学规律，而且后者已经发展成为为人所用的庞大学科体系；安全离不开社会，"社会"也是重要因素。生命、自然、技术和社会组成了一个庞大的系统，形成了第五个重要的要素"系统"并给出了安全科学的属性。

安全科学的基本任务在于揭示安全基本规律，安全规律包括了安全生命规律、安全自然规律、安全技术规律、安全社会规律及其安全系统规律。安全科学原理是安全规律的核心部分，因此，可以认为安全科学原理包括安全生命科学原理、安全自然科学原理、安全技术科学原理、安全社会科学原理和安全系统科学原理。这五类安全科学原理构成了一个完整的安全科学核心体系，并与安全规律体系一相对应。具体见表2-2。

表2-2　安全科学原理与安全规律体系的对应关系

安全科学原理	安全规律
安全生命科学原理	安全生命规律：安全现象中的生命规律
安全自然科学原理	安全自然规律：安全现象中的自然规律
安全技术科学原理	安全技术规律：安全现象中的技术规律
安全社会科学原理	安全社会规律：安全现象中的社会规律
安全系统科学原理	安全系统规律：安全现象中的系统规律

在认知安全现象和解决安全问题的过程中需要掌握五种不同的规律，仅仅掌握其中一种规律既不能全面认识安全现象，更不可能有效解决安全本质问题。安全科学完全应该是一门独立科学，安全规律尽管与生命科学、自然科学、技术科学、社会科学、系统科学有交叉，但以安全为着眼点和系统性出发，安全规律也是独立于其他科学规律的规律。

（三）安全科学中的哲学思想

1.安全哲学思想的历史

人类的发展历史一直伴随着人为或自然意外事故和灾难的挑战，从远古祖先们祈天保佑、被动承受到学会"亡羊补牢"，一步步到近代人类扬起"预防"之旗，直至现代社会全新的安全理念策略等，在这种安全发展的历史进程中，体现了人类安全哲学、安全认识论和安全方法论的发展与进步。17世纪前，人类安全的认识论是宿命论的，方法论是被动承受型的，这是人类古代安全文化的特征；17世纪末期至20世纪初，人类的安全认识论提高到经验论水平，方法论有了由被动变为主动，由无意识变为有意识的特征。20世纪初至50年代，随着工业社会的发展和技术的不断进步，人类的安全认识论进入了系统论阶段，在方法论上能够推行安全生产与安全生活的综合性对策，进入了近代的安全文化阶段；20世纪50年代以来，随着高科技的不断应用，人类的安全认识论进入了本质论阶段，超前预防成为现代安全文化的主要特征，这种高科技领域的安全思想和方法论推动了传统产业和技术领域的安全手段及对策的改进。

2. 安全哲学思想的分类

（1）安全生命科学。安全生命科学是安全科学与生命科学的交叉学科，主要研究生命特征、生命运动规律。生命与环境的相互作用等现象对人的安全状态造成的影响，以顺应生命规律、保障人的安全、实现人的健康和舒适为根本目标。从安全的范畴和视角涉及的主要二级原理有安全人性原理、安全人体学原理、安全生理学原理、安全心理学原理和安全生物力学原理五个，五理合一，相互协调，构成了安全生命科学原理的核心内容。

（2）安全自然科学。安全自然科学主要研究自然灾害和生产安全等的各种类型、状态、属性及运动形式，揭示各种灾害和事故的现象以及发生过程的实质，进而把握这些灾害和事故的规律性，并预见新的现象和过程，为预防和控制各种灾害和事故开辟可能的途径。安全自然科学原理主要包括安全容量原理、安全多样性原理、灾害物理原理、灾害化学原理、毒理学原理。以安全容量原理为例，安全容量可以定义为：在某一确定的系统中，允许各种人、物、环境及其组合作用下的各种非正常变化或活动引起的"扰动"，当这种"扰动"达到最大时系统仍然是安全的最大允许值。由此看出，它是一个与风险相关的临界量，即在整体风险可承受的范围之内，由各个具体的生活和生产活动环境中的风险所综合确定的一个安全临界总量。

（3）安全技术科学。安全技术科学是研究指导安全生产技术的基础理论学科，以基础学科为指导，以安全技术客体为认识目标，研究和考察各个安全技术门类的特殊规律，建立安全技术理论，应用于安全工程技术客体，它将安全科学转化为安全技术，又将安全技术知识提高到理论成为安全科学。安全技术科学是安全科学中发展相对早的、内容较为丰富的主体学科，可以从物质、设备、能量、工程、环境五个方面将安全技术科学原理划分为安全物质学原理、安全设备学原理、安全能量原理、安全工程原理、安全环境原理。以安全物质学原理为例，安全物质学原理的主要内容是研究各类物质的理化特性及其性质的演化规律，研究物质的性质对人的安全的影响，认识人与物质相互作用过程中的安全规律，进而保障生产安全。对物质的认识是一切创造的前提，安全物质学原理的研究是安全技术科学原理研究中的最基础环节。

（4）安全社会科学。安全社会科学主要是从文化、法律、经济、教育、伦理道德等角度对安全现象、安全规律和安全科学进行研究，探索社会科学诸多方面的变化对人的安全状况造成的影响，从社会科学角度总结保障人的安全的基本规律。主要涵盖的二级原理有：安全文化原理、安全法律法规原理、安全经济原理、安全教育原理和安全伦理道德原理。

（5）安全系统科学。安全系统科学是安全科学中的核心部分。人类的安全系统是人、社会、环境、技术、经济等因素构成的大协调系统。无论从社会的局部还是整体来看，人类的安全生产与生存需要多因素的协调与组织才能实现。安全系统的基本功能和任务是满足人类安全的生产与生存，以及保障社会经济生产发展的需要，因此，安全活动要以保障社会生产、促进社会经济发展、降低事故和灾害对人类自身生命和健康的影响为目的。为此，安全活动首先应与社会发展基础、科学技术背景和经济条件相适应和相协调。

3. 安全系统思想

安全系统思想是安全科学的核心思想。安全系统科学原理划分为安全系统管理原理、安全环境系统原理、安全人机系统原理、安全信息系统原理和安全局部和谐原理等。以安全局部和谐原理为例，安全系统是复杂的巨系统，研究安全系统的时空属性、综合属性，任何一种安全现象背后都隐藏着千丝万缕的复杂联系，因此，在实际处理中，很难实现整个安全系统的功能最优化，只能抓住问题的主要矛盾，追求安全系统的局部和谐，这种对"系统"中"部分"的有效控制才是安全系统科学能够实际应用的精华所在。

二、本质安全原理

本质安全，就是通过追求生产流程中人、物、系统、制度等诸要素的安全可靠和谐统一，使各种危害因素始终处于受控制状态，进而逐步趋近本质型、恒久型安全目标——通过思想无懈怠、管理无空档、设备无隐患、系统无阻塞，实现质量零缺陷、安全零事故。本质安全原理的核心是人员本质安全化、机具本质安全化，环境本质安全化和管理本质安全化。

（一）人员本质安全化

人员本质安全化是指使人员的安全价值观、安全态度、安全身心状况、安全知识技能四个方面素质构成与生产系统安全品质相匹配的安全素质系统。

人员本质安全化建设的方法是指对人员在以上四个方面素质进行选择及教育培训。不同的生产系统，对人员四项安全素质的要求不完全相同，因此选择的内容及要求的指标就不相同，培养训练的内容及方法也不相同，以身心状况选择为例：电焊工只要求较高的眼手配合能力，而汽车司机还要求手脚的配合能力。不同的工种对人员身心状况和知识技能要求当然不同，其训练及考核方法自然不尽相同。安全价值观念影响安全行为模式，如生产活动过程中"安全第一"的价值观能构成自觉行为方式的意志，引导人用"三不伤害"原则来约束自己的行为，提升自觉规范能力。安全价值观是决定人员安全品质的关键素质。

在人员的四项素质中，身心状况特别是生理、心理素质是最不稳定的素质，极易受到外界因素的干扰引发失误；安全知识技术素质是通过一定时间的培养训练形成的较为稳定的素质，一般不会有明显的波动，除非生理上、心理上发生很大的变化导致肢体障碍，或者生产指挥者强行干预。价值观与态度素质是在教育、培养、训练中形成的最稳定的素质，几乎不会因暂时的干扰发生变化，它具有导向与整合功能。实践证明，身心及知识技术素质很好的工人并不一定遵章守纪，有时越是这些条件好的人越敢于冒险违章。只有建立起正确的安全价值观和安全行为态度的人才能正确地发挥其身体、心理及知识技能上的优势，成为安全高效的生产者。安全技术水平不高的人，也要自觉地学习各种知识和技能，主动完善自己的安全素质系统。

（二）机具本质安全化

为使机具达到本质安全而进行的研究、设计改造和采取各种措施的最佳组合称为机具本质安全化。

设备是构成生产系统的物质系统，由于物质系统存在各种危险与有害因素，为事故的发生提供了物质条件。要预防事故发生，就要消除物的危险与有害因素，控制物的不安全状态。本质安全的设备具有高度的可靠性和安全性，可以杜绝或减少伤亡事故，减少设备故障，从而提高设备利用率，实现安全生产。本质安全化正是建立在以物为中心的事故预防技术的理念上，它强调先进技术手段和物质条件在保障安全生产中的重要作用。通过运用现代科学技术，特别是安全科学的成就，从根本上消除能形成事故的主要条件；如果暂时达不到时，则采取两种或两种以上的安全措施，形成最佳组合的安全体系，达到最大限度的安全。同时尽可能采取完善的防护措施，增强人体对各种伤害的抵抗能力。设备本质安全化的程度并不是一成不变的，它将随着科学技术的进步而不断提高。

从控制人的不安全行为角度分析，机具本质安全化建设的主要内容之一就是设计人机界面上会引起人员不安全行为的结构。

机具人机界面的宜人程度直接影响人的操作方法和规程，如信息变化过快或要求连续操作的动作过快，使工人处于过度紧张状态，很快就会产生疲劳，迫使工人丢失信息，或是跳过某些作业环节出现失误。又如，机具的人机界面结构不当，使工人不便于操作，甚至很容易促成失误。

（三）环境本质安全化

生产作业环境包括物理环境、化学环境、空间环境和时间环境等，这些生产作业环境对人的安全操作能力都有直接影响。过强的噪声会使人产生躲避心理，导致简化作业违章；有害气体，会使人由于中毒而产生动作失调；生物性污染将使人由于某种感染而失去原有的体力；过分狭窄的场所会难以按安全规程正常作业；过于紧迫的时间会因来不及按部就班操作而违章，等等。显然，不适当的生产环境本身是促成不安全行为的重要原因。

对物理和化学环境的治理需要采用一定的技术措施，使现场的温度、湿度、压力、照明、噪声、粉尘、毒物、气味、通风、电磁波和各种射线等各种因素符合国家和地方标准或行业标准。对空间和时间环境的治理比较好的方法是推行定置管理。对生产作业现场的物品进行科学的分析、设计、组织实施、调整，使生产作业现场的物品放置定位，使人的操作定型。生产作业环境的改善将会大大减少人的失误。但是人们在条件优越的环境中工作可能会产生麻痹、松懈心理。这就要求在生产作业现场的适当位置有针对性地设置一些安全标志、安全标语和安全警示牌，使之能够时刻提醒职工应注意什么、禁止什么，以增强作业者的安全意识。同时还要使各种机械防护、预警装置齐全、灵敏、可靠，对操作者能起到应有的保护作用。对现场的墙壁、顶棚、机器、装置、管道和地板等要合理地使用不同的色彩进行装饰和粉刷。为控制不安全行为更重要的是要做到人机排列合理，以满足人的行为安全的需要。要采用先进科学技术，使系统的自动化程度更高，利用机械代替一些危险的手工作业，使系统的设计科学合理，降低操作的复杂程度，为行为者的安全创造良好的条件。

（四）管理本质安全化

1. 行为管理

行为管理指企业对行为活动进行组织、计划、指挥、监督和协调等一系列职能的总称。对不安全行为的管理有四个核心内容：文化管理、制度管理、技术管理和事故管理。管理本质安全化主要就是通过企业对文化、制度、技术及事故的科学管理全面消除组织与个体的不安全行为，使组织与个体的行为达到本质安全。

2. 文化管理

文化管理形成的行为理念、行为哲学，可以整合企业的各种资源尤其是企业的精神资源。它在不安全行为控制战略中起着总揽的特殊作用。安全文化才是组织与个体行为的支撑源。因此，要根本控制组织与个体的不安全行为，要加强企业的文化管理尤其是安全文化的建设。一个良性企业文化体系的建设需要从如下几个方面入手：一是要重建经营管理层在企业内部的诚信。二是要以先进的思想来鼓舞和武装企业组织；三是要以规范的管理来约束企业；四是要以系统化的培训和教育来构建基础；五是要整理出系统规范的企业文化体系和相应的文本。

3. 制度管理

制度是组织与个体行为的准则和依据。通过制度管理，可以发现并解决不安全行为问题。可以促进行为计划与目标的达成，可以形成内部制约与控制体系。制度不完善一直是困扰企业控制不安全行为的瓶颈之一。制度存在漏洞，必然会产生组织与个体行为的系列隐患。对不安全行为的控制，要具体落实到制度建设之中。

4. 技术管理

技术管理包括技术开发、技术改造、技术合作与技术转让。安全技术管理是为了消除生产过程中的各种危险、有害因素，防止伤亡事故和职业危害，保证安全生产所采取的技术管理，它是企业技术管理的一个重要组成部分，是行为规范的决定性因素。安全技术管理要运用科学技术手段如先进的 DCS 集散控制系统、自动联锁控制系统等提高自动化、数字化程度，降低劳动强度，提高操作效率。在技术管理中，抓好技术技能的同时，千万不能忽视对心智技能的管理。

5. 事故管理

事故管理的落脚点是整改矫正。通过事故管理，找到内在原因，真正矫正一些不安全行为尤其是一些隐性行为。在事故管理中要坚持"四不放过"原则，即事故原因不查清不放过，事故责任人得不到处理不放过，整改措施不落实不放过，教训不吸取不放过。

在文化管理、制度管理、技术管理、事故管理中，文化管理是中心，制度管理与技术管理是基础，事故管理是纽带。事故管理既是其他三者的延伸，又反推其他三者走向深化。而文化管理既可以引导制度管理、技术管理和事故管理，又可以整合制度管理、技术管理和事故管理。四者互为联系，互为影响，在不安全行为控制中缺一不可。

三、事故致因原理

（一）事故频发倾向论

1. 事故频发倾向

事故频发倾向是指个别人容易发生事故的、稳定的、个人的内在倾向。

2. 事故遭遇倾向

事故遭遇倾向是指某些人员在某些生产作业条件下容易发生事故的倾向。事故频发倾向侧重于容易发生事故的个人；事故遭遇倾向在关注到个人在事故中的定位的同时，也认为事故与生产作业条件有关。事故频发倾向的优点是在事故的预防中能从人出发，但同时这也是它的局限性，它忽略了人与生产环境的统一；事故遭遇倾向就注意到了这一点。但是，许多研究结果表明，事故频发倾向者并不存在，因此，事故频发倾向论事实上已被排除在事故致因理论之外。但是在生活中，有的人的性格品行还是在一定程度上决定了他工作的责任心和细心程度，个别粗心乃至工作态度随便的人，还是容易在工作时发生事故。所以，这一理论有一定的科学性。

（二）事故因果论

1. 事故因果论内涵

事故现象的发生与其原因存在着必然的因果关系。"因"与"果"有继承性，因果是多层次相继发生的。事故原因有直接原因和间接原因。直接原因有物与人的原因。间接原因有技术、教育、精神、管理、社会及历史原因。

2. 事故因果类型

（1）集中型，几个原因各自独立共同导致某一事故发生，即多种原因在同一时序共同造成一个事故后果．

（2）连锁型，某一原因要素促成下一个要素发生，下一个要素再形成更下一个要素发生，因果相继发生的事故．

（3）复合型，某些因果连锁，又有一系列原因集中、复合组成伤亡后果。

3. 事故因果连锁理论核心思想

海因里希是最早提出事故因果连锁理论的，他用该理论阐明导致伤亡事故的各种因素之间，以及这些因素与伤害之间的关系。该理论的核心思想是：伤亡事故的发生不是一个孤立的事件，而是一系列原因事件相继发生的结果，即伤害与各原因相互之间具有连锁关系。

4. 事故因果连锁因素

（1）遗传及社会环境。遗传及社会环境是造成人的缺点的原因。遗传因素可能使人具有鲁莽、固执、粗心等对于安全来说属于不良的性格；社会环境可能妨碍人的安全素质培养，助长不良性格的发展。这种因素是因果链上最基本的因素。

（2）人的缺点。即由于遗传和社会环境因素所造成的人的缺点。人的缺点是使人产生不安全行为或造成物的不安全状态的原因。这些缺点既包括诸如鲁莽、固执、易过激、神经质、轻率等性格上的先天缺陷，也包括诸如缺乏安全生产知识和技能等的后天不足。

（3）人的不安全行为或物的不安全状态。这两者是造成事故的直接原因。海因里希认为，人的不安全行为是由于人的缺点而产生的，是造成事故的主要原因。

（4）事故。事故是一种由于物体、物质或放射线等对个体发生作用，使人员受到或可能受到伤害的、出乎意料的、失去控制的事件。

（5）伤害。即直接由事故产生的人身伤害。上述事故因果连锁关系，可以用五块多米诺骨牌来形象地加以描述。如果第一块骨牌倒下，则发生连锁反应，后面的骨牌相继被碰倒。

5. 事故因果连锁理论的意义

该理论积极的意义就在于，如果移去因果连锁中的任何一块骨牌，则连锁被破坏，事故过程被中止。海因里希认为，企业安全工作的中心就是要移去中间的骨牌以防止人的不安全行为或消除物的不安全状态，从而中断事故连锁的进程，避免伤害的发生。但事实上，各个骨牌（因素）之间的连锁关系是复杂的、随机的。前面的牌倒下，后面的牌可能倒下，也可能不倒下。事故并不是全都造成伤害，不安全行为或不安全状态也并不是必然造成事故，等等。尽管如此，海因里希的事故因果连锁理论促进了事故致因理论的发展，成为事故研究科学化的先导，具有重要的历史地位。

（三）能量转移

事故是一种不正常的或不希望的能量释放并转移于人体。如果由于某种原因失去了对能量的控制，就会发生能量违背人的意愿的意外释放或溢出，使进行中的活动中止而发生事故。生产生活中常见的形式能量有机械能、电能、热能、化学能、电离及非电离辐射等。麦克法兰特认为：所有的伤害事故都是因为接触了超过集体组织（或结构）抵抗力的某种形式的过量的能量或者有机体与周围环境的正常能量交换受到了干扰发生的。因而，各种形式的能量是构成伤害的直接原因。该理论阐明了伤害事故发生的物理本质，指明了防止伤害事故就是防止能量意外释放或溢出。

防止能量逆流于人体的措施大致分为十二种类型：限制能量；用较安全的能源取代危险性大的能源；防止能量蓄积；控制能量释放，采用保护性容器；延缓能量释放；开辟释放能量的渠道；设置屏障；在人、物与能源之间设屏障；在人与物之间设置屏障；提高防护标准；改善效果及防止损失扩大；修复或恢复、治疗，矫正以及减轻伤害程度或恢复原有功能。总之，把能量管理好，就可以把安全生产管理好。

新的事故因果连锁模型：事故；不安全行为和不安全状态；基本原因。包括企业领导者的安全政策及决策、个人因素、环境因素。

能量转移论侧重于能量转移的方向和能量转移的路径。即能量转移到哪里，怎样转移。它的形成让人们对能量的了解有了进一步的深入，从事故的表面现象深入到事故的物理本质，从而能有效预防因能量转移而发生的事故，但是它还是建立在一定的专业知识之上的，对于一些文化程度不高的普通工人来说，不一定能够理解。但不可否认它的贡献，总的来说，也是为事故致因理论添上了华丽的一笔。

（四）扰动起源论

该理论认为"事件"是构成事故的因素。任何事故当它处于萌芽状态时就有某种非正常的"扰动"，此扰动为起源事件。事故形成过程是一组自觉或不自觉的，指向某种预期的或不测结果的相继出现的事件链。扰动起源论把事故看成从相继事件过程中的扰动开始，最后以伤害或损害告终。扰动起源论的侧重点是外因，在于外界对系统平衡的干扰。一旦平衡受到扰动，就会破坏和结束自动动态平衡而开始事故进程。其优点在于如果改善条件，亦可使事件链中断，制止事故进程发展下去而转化为安全。该理论能够迅速分析事故的原因，并且，在发生一次事故后，此理论能够预警，让人们高度关注通过改善条件避免发生了一事故。所以，笔者认为该理论还是有很大的建设性意义的。

（五）人失误主因论

维格尔斯沃斯指出，有一个事故原因构成了所有伤害的基础，这个原因就是"人失误"。他把"失误"定义为"错误地或不适当地响应一个刺激"，建立了金矿中以人失误为主的事故原因的模型。这个理论突出了人在事故中的地位，即人的不安全行为。笔者认为，人失误也有因外界刺激和人本身自发两种情况。对于外界的刺激，就要求人能够有迅速的反应能力，快速对警报作出判断，逃离危险源。对于人本身的失误，这就要求人不断地锻炼，提高自身能力。该理论的优点在于在描述事故现象时突出了人的不安全行为，不足在于不能解释人为什么会发生失误。总的来说，该理论还是对人失误方面进行了较详细的说明，也是事故致因中不可或缺的一部分。

（六）管理失误论

1.博德的事故因果连锁

（1）控制不足——管理：事故因果连锁中一个最重要的因素是安全管理。

（2）基本原因——起源论：找出问题基本的、背后的原因。

（3）直接原因——征兆：不安全行为或不安全状态是事故的直接原因。

（4）事故——接触。

（5）伤害——损坏、损失。

2. 亚当斯的事故因果连锁

亚当斯提出了事故因果连锁模型，其核心在于对现场失误的背后原因进行了深入的研究。

3. 以管理失误为主因的事故模型

事故的直接原因是人的不安全行为和物的不安全状态。但是，造成"人失误"和"物故障"的这一直接原因却是管理上的缺陷。管理上的缺陷又常是发生事故的本质原因。这一事故致因模型，侧重研究管理上的责任，强调管理失误是构成事故的主要原因。管理失误论侧重于管理在事故预防中的重要作用。可见，安全管理工作是一门相当重要的工作。不过，不能说只要管理得当，就能从根本上杜绝事故的发生，被管理的人或物也是防止事故发生的重要因素。所以，要求管理体系与被管理体系相互配合得当，每个人各司其职，发挥自身的过人之处，部分服从整体。

（七）轨迹交叉论

事故源于生产现场人和物两个方面的隐患。这一理论说明，在人流与物流之间设置安全装置作为屏障，可提高机械设备的可靠性，又可大大降低事故发生的概率。侧重点是说明人失误难以控制但可控制设备、物流不发生故障。人和物的两事件链的因素有人的事件链和物的事件链。在事故发展进程中，人的因素的运动轨迹与物的因素的运动轨迹的交点，就是事故发生的时间和空间。为了有效地防止事故发生，必须同时采取措施消除人的不安全行为和物的不安全状态。轨迹交叉论既考虑到了人，也考虑到了物，提醒人们对事故的预防措施或事故发生后的事故原因的分析要全面。

（八）变化论

变化包括预期的变化和意外地变化两种。按照变化的观点，人失误和物的故障的发生都与变化有关，在安全管理工作中，变化被看作是一种潜在的事故致因。事故的发生是多种原因造成的，包含一系列的变化-失误连锁。变化论充分体现了马克思主义哲学的发展论，即事物是变化发展的，要用发展的眼光看问题。人和物都是会变化的，随着时间的推移，以前稳重谨慎的人，也许会变得不负责任，以前性能良好的机器等物品，会老化，产生故障。并且，管理工作也要随着一系列外界环境、内部环境、宏微观变化而作出相应的调整。要保证做好预期的有计划的变化，带来好的效应；防止意外的变化，运用有效的应急措施，将伤害与损失降至最小。

四、安全系统原理

（一）安全系统

安全系统是由人、技术、环境构成的复合系统。从根源上看，事故灾害是人、技术、环境综合或部分欠缺的产物。人类安全活动所追求的主要是保护系统中的人、技术，设备及环境。按照系统论的思想，可以把安全系统看作一个MET系统，即安全系统包括七个基本子系统，每一个基本子系统提出的安全命题有：M——安全心理、安全生理、安全教育、安全行为；E——物化环境（如劳动卫生环境、防尘、防爆、噪声与震动控制，辐射防护、"三废"治理等）、理化环境（如危险化学品的形态变化及化学反应等）；T——本质安全化、安全技术（如防火、防爆、机电安全、运输安全技术等）；MT——人-机关系，人-机设计：ME——人与环境的关系、职业病理、环境标准；TE——环境检测、自动报警与监控、技术风险；METI安全系统工程、安全管理工程、安全法学、安全经济学。

（二）安全构成系统

1. 人是安全的主体和核心，是一切安全问题的出发点和归宿

人既是保护对象，又可能是保障条件或者危害因素。

2. 物，可能是安全的保障条件，也可能是危害的根源

能够保障或危害人的物质存在的领域很广泛，形式也很复杂。

3. 人与物的关系，包括人与人、人与物以及物与物的关系

既包括人与物的存在空间和时间，又包括能量与信息的相互联系，是人安全与否的纽带。把"人与物"的时间、空间与能量的联系称为"安全社会"；"人与物"的信息与储量的联系称为"安全系统"。

（三）安全学科系统

1. 从纵向学科来看

（1）安全物质学，自然科学性的安全物质因素。

（2）安全社会学，社会科学性的安全因素。

（3）安全系统学，系统科学性的安全信息与能量的整体联系因素。

（4）安全人体学，人体科学性的安全生理及心理等因素。

2. 从横向学科来看

（1）工程技术层次——安全工程。安全工程技术是解决安全保障条件，把握人的安全状态，直接为实现安全服务。因对象不同，又可分为：安全设备机械工程和安全设备卫生工程；专业安全工程技术；行业综合应用安全工程技术。

（2）技术科学展示——安全工程学。安全工程学作为获取和掌握安全工程技术的理论依据，由安全设备工程学、安全社会工程学、安全系统工程学、安全人体工程学四类技术科学分学科构成。

根据组成安全因素的不同属性和作用机制，又分为四组。

①按照设备因素对人的身心危害作用的方式不同，可分为安全设备工程学组（安全设备机械工程学、安全设备卫生工程学）。

②按照调节安全人与人、人与物及物与物联系的不同原理，可分为安全社会工程学组（安全管理工程学、安全教育学、安全法学、安全经济学等）。

③按照安全系统内各因素作用和功能的不同，可分为安全系统工程学（安全信息技术论、安全运筹技术学、安全控制技术论）。

④按照外界危害因素对人的身心内在作用机制影响的不同——人–机联系方式的不同，可分为安全人体工程学（安全生理学、安全心理学、安全人–机工程学）。

3. 基础科学层次——安全学

安全学作为获取和掌握安全工程学的基础理论，可分四个理论层次：安全物质学（安全灾变物理和灾变化学）；安全社会学；安全系统学（安全灾变理论和连接作用学）；安全人体学（安全毒理学）。

4. 哲学层次——安全观

安全观是把握安全的本质及其科学的思想方法，是安全的最高理论概括，也是安全思想的方法论和认识论。

（四）安全系统工程的基本原理和方法

1. 系统安全分析

（1）系统安全分析的前提条件。要提高系统的安全性，使其不发生或少发生事故，其前提条件就是预先发现系统可能存在的危险因素，全面掌握其基本特点，明确其对系统安全性影响的程度。只有这样，才有可能抓住系统可能存在的主要危险而采取有效的安全防护措施，改善系统安全状况。这里所强调的"预先"是指无论系统生命过程处于什么阶段，都要在该阶段开始之前进行系统的安全分析，发现安全系统的危险因素。这就是系统安全分析要解决的问题。

系统安全分析是使用系统工程的原理和方法，辨别、分析系统存在的危险因素，并根据实际需要对其进行定性定量描述的技术方法。

（2）系统安全分析需要注意的方面。

（1）根据系统的特点，分析的目标和要求，采取不同的分析方法。因为每种方法都有其自身的特点和局限性，并非处处适用。使用中有时要综合应用多种方法，以取长补短或相互比较，验证分析结果的正确性。

（2）使用现有分析方法不能生搬硬套，必要时要根据实用、好用的需要对其进行改造或简化。

（3）不能局限于分析方法的应用，而应从系统原理出发，开发新方法、开辟新途径，还要在以往行之有效的分析方法的基础上总结提高，形成系统性的安全分析方法。

2. 系统安全评价

系统安全评价往往要以系统安全分析为基础，通过分析，了解和掌握系统存在的危险因素，但不一定要对所有危险因素采取措施，而是通过评价掌握系统的风险事故大小，以此与预定的系统安全指标相比较。如果超出指标，则应对系统的主要危险因素采取控制措施，使其降至该标值以下。这就是系统安全评价的任务。评价的方法也有多种，应考虑评价对象的特点、规模，考虑评价的要求和目的采用不同的方法。同时，在使用过程中也应和系统安全分析的使用要求一样，坚持实用和创新的原则。过去，我国在许多领域都进行了系统安全评价的实际应用和理论研究，开发了许多实用性很强的评价方法，特别是企业安全评价技术和重大危险源的评估、控制技术。

3. 安全决策与事故控制

任何一项系统安全分析技术或系统安全评价技术，如果没有一种强有力的管理手段和方法，也不会发挥其应有的作用。因此，在出现系统安全分析和系统安全评价技术的同时，也出现了系统安全决策。其最大的特点是从系统的完整性、相关性、有序性出发，对系统实施全面全过程的安全管理，实现对系统的安全目标控制。系统安全管理是应用系统安全分析和系统安全评价技术以及安全工程技术等手段，控制系统安全性，使系统达到预定安全目标的一整套管理方法、管理手段和管理模式。

综上所述，安全系统工程在提高工程系统的安全性上有很大的发展和应用前景。目前，由于人们认识的不足，各种数据缺乏，标准还不完善，安全性分析还只限用于一定的生产领域，安全系统工程和传统的技术安全还需要分工协作。但随着安全系统工程工作的普及与深入，必将使工业生产和工程系统的使用安全水平得到更大的提高，而传统的技术安全工作也得到改善。安全系统工程要从系统的整体性观点出发，从系统的整体考虑解决安全问题的方法、过程和要达到的目标。对每个子系统安全性的要求，要与实现整个系统的安全功能和其他功能的要求相结合。在系统研究过程中，子系统和系统之间的矛盾以及子系统与子系统之间的矛盾，都要采用系统优化方法，寻求各方面均可接受的满意解；同时要把安全系统工程的优化思路贯穿到系统的规划、设计、研制和使用等各个阶段中。

五、安全经济原理

（一）安全经济基本理论

人类的安全水平很大程度上取决于经济水平，经济问题是安全问题的重要根源之一。这种客观存在决定了"安全"的相对性特征及安全标准的时效性特征。安全离不开经济的支撑，安全经济活动贯穿于生产经营及安全科学技术活动全过程。为了解决安全问题，既要涉及自然现象，又要涉及社会现象；既需要工程技术手段，也需要法制和管理等手段。所以安全科学又具有自然科学和社会科学相互交叉的特点。安全经济既是一门经济学，又是一门以安全工程技术活动为特定应用领域的应用学科。有的学者将安全经济学定义为：研究安全的经济形势和条件，通过对安全活动的合理组织、控制和调整，达到人、技术、环境的最佳安全效益的科学。它是研究安全经济活动与经济规律的科学，以经济科学理论为基础，以安全领域为阵地，为安全经济活动提供理论指导和实践依据。总之，安全经济学是研究安全领域中理性人决策行为的科学。安全经济的理论既为安全科学丰富了基本理论，也为安全科学增添了应用方法。

（二）事故和灾害对社会经济的影响因素

评价事故对社会经济和企业生产的影响，是分析安全效益、指导安全定量决策的重要基础性工作。事故损失指意外事件造成的生命与健康的丧失、物质财产的毁坏、时间的损失、环境的破坏。它包括事故直接经济损失、间接经济损失，事故直接非经济损失、事故间接非经济损失。事故直接经济损失，指与事故事件当时的、直接相联系的、能用货币直接估价的损失。事故间接经济损失，指与事故事件间接相联系的、能用货币直接估价的损失。事故直接非经济损失，指与事故事件当时的、直接相联系的、不能用货币直接定价的损失，如事故导致的人的生命与健康、环境的毁坏等只能间接定价的损失。事故间接非经济损失，指与事故事件间接相联系的、不能用货币直接定价的损失，如事故导致的工效影响、商业信誉损失等。

（三）安全经济的特点

1. 系统性

安全经济问题往往是多目标、多变量的复杂问题。在解决安全经济问题时，既要考虑安全因素，又要考虑经济因素；既要分析研究对象自身的因素，又要研究与之相关的各种因素。这就构成了研究过程和范围的系统性，例如，在分析安全效益时，既要考虑安全的作用能减少损失和伤亡，更应认识到安全能维护和促进经济生产以及保持社会稳定。

2. 预先性

安全经济的产出，往往具有延时性和滞后性，因此，安全经济活动应具备适应经济生产活动要求的预先性。为此，应做到尽可能准确地预测安全经济活动的发展规律和趋势，充分掌握必要的和可能得到的信息，以最大限度减少因论证失误而造成的损失，把事故、灾害等不安全问题消灭在萌芽中。

3. 决策性

任何安全活动（措施、对策）都存在多方案可供选择，不同的方案有其不同的特点和适应对象，因此，安全经济活动应建立在科学决策的基础上。安全经济提供了安全经济决策、优化技术和方法。

4. 边缘性

安全经济既要研究安全的某些自然规律，又要研究安全的经济规律。因此，安全经济是安全的自然科学与其社会科学交叉的边缘科学，并与灾害经济学、环境经济学、福利经济学等经济学分支交叉而存在，相互渗透而发展。

5. 实用性

由于安全本身就是人类劳动、生活和生存的需要，所以安全经济所研究的安全经济问题带有很强的技术性和实用性。

（四）安全经济的科学管理

1. 安全经济的法规管理

安全法律是实行安全监察的关键依据，用法律规范约束生产经营行为，可以有效地预防事故。安全经济也需要法律规范来进行指导。在事故发生后，与事故有关的人员最关心的问题是责任由谁来承担（包括刑事责任和经济责任）。在实际工作中，事故的责任处理往往由于经济方面的原因迟迟难以快速完成。安全的有关法律明确地规定了事故经济责任的处理办法和意见，使事故经济责任对象以及责任大小的处理有明确的依据，并最终使事故经济责任的处理公平合理。加强安全经济和法律管理，明确事故发生后，经济责任人和责任大小的处理准绳，是改善安全管理的重要方面。除了安全经济责任处理的法律之外，事故保险、工伤等人身伤害保险的法规也是安全经济管理的内容和范畴。

2. 安全经济的财务管理

安全经济的财务管理是指对劳动保险费、防尘防毒、防暑、防寒、个体防护费、医疗费、保健费、抵押金、奖罚金等安全经费的筹集、管理和使用。对安全活动所涉及的经费，按有关政策和制度进行管理，是安全经济管理必不可少的方面。特别是如何把安全的经济消耗纳入生产的成本之中，是安全经济财务管理应予探讨的问题。安全经济管理除了立法保证、财务管理体制方面外，还要通过从国家到地方、从行业到企业各阶层的安全经济的行政业务进行协调与合作得以补充和完善。在满足安全专业的业务要求的前提下，通过行政手段的补充，使安全经济的法规管理、财务管理的作用得以充分发挥，最终促成安全经济管理目标的圆满实现。

3. 安全经济的行政管理

安全经济的行政管理是指根据安全的专业特点，采用必要的行政手段进行安全的经济管理。安全经济管理除了立法保证、财务管理体制方面外，还要通过从国家到地方、从行业到企业各阶层的安全经济的行政业务进行协调、合作，从而得以补充和完善。在满足安全专业的业务要求的前提下，通过行政手段的补充完善，使安全经济的法规管理，财务管理的作用得以充分发挥，最终促成安全经济管理目标的圆满实现。行政管理机构是各级安全管理的职能部门。

4. 安全经济的全员管理

安全经济的管理需要全员参与。安全经济作为一种物质条件。需要充分地提供给参与安全活动的每一个人，使安全经济的物质条件作用得以充分发挥。因而，全员管理的目标是运用经济利益驱动激励群众的自保意识，充分发挥群众的主观能动性、积极性和创造性，使职工逐步树立安全经济的观点，有效地进行安全生产活动，使全员都能参与安全经济的管理和监督，保障安全经济资源的合理利用。

第三节　安全生产监管的要素

一、领导与决策

（一）决策者应通晓国家的法律法规及政策

领导者在决策前，要通晓国家的政策、法令，如《中华人民共和国安全生产法》。这样，才能使作出的决策和国家保持一致。国家的政策和法令是根据社会主义建设的需要制定的，它集中代表了广大人民群众的根本利益。如果决策者所作出的决策违背国家的政策、法令，不仅会受到执行者的抵制，而且，还会受到法律的制裁。不学法不知法，会造成重大损失。

（二）决策者要通晓决策科学理论

决策科学是关于科学决策的理论与方法的一门科学，它主要研究如何把决策建立在科学的基础之上，如何科学地进行决策。要使决策具有科学性，基本的前提条件就是决策者要通晓决策科学的基本理论与科学决策的程序和方法，即所谓"打铁还需自身硬"。对决策科学基本理论一无所知的领导很难设想他能作出科学的决策。领导者通过学习，掌握了决策科学的基本理论和科学方法就能够在掌握大量决策信息的基础上，通过科学预测和决策分析，制订出多种可行的预选决策方案，并运用科学的决策方式从中选出最佳方案作为行动的纲领。这种科学决策的过程，没有决策科学的指导是根本无法实现的。决策的正确程序和科学方法对决策来说是十分重要的，它直接关系着决策的成败。

（三）充分认识决策对象的客观规律

在实际工作中领导者要作出某项决策，除了要懂得决策的合理程序和科学方法，懂得国家的方针、政策、法令之外，还要掌握具体决策对象的特殊规律性。领导除了努力掌握决策科学的理论和方法外，还要是安全生产业务方面的行家里手。对决策对象的客观规律一无所知或知之甚少，这样的领导作出的决策肯定会失败。实践证明，违背安全发展的客观规律必然会受到惩罚。

（四）要明确决策的职责范围

对于领导工作来说，最忌讳职责不清、权限不明，决策更是如此。社会是一个宏观的大系统，每个单位和部门只是这个大系统中的一个子系统。这些子系统之间，如单位与单位之间、上级与下级之间，存在着多种联系，同样又具有各自的独立性。只有严格确定各子系统的职责范围，使他们在自己的职责范围内行使决策权力，整个社会这个大系统才能正常运转。

二、策略与规划

（一）坚持普法与执法相结合，在依法监管上求突破

1. 强化"三种理念"

（1）强化依法行政理念。要引导监管者正确处理权力和责任的关系，依照法定权限和程序履行自己的职责，注重监管程序，规范监管行为，真正做到公正、严格、文明、廉洁监管。

（2）强化科学监管理念。要尊重客观规律，一切从实际出发，实事求是，既不好高骛远，又不因循守旧，坚持与时俱进，科学谋划未来。要在调查研究的基础上作出理性判断，重大问题集体讨论、民主决策，减少监管工作的盲目性。要充分发挥主观能动性和创造性，有效利用监管资源，实施科学监管。

（3）强化和谐理念。行业的发展离不开社会各界的支持和参与，要与相关职能部门加强沟通和配合，营造良好的监管环境。

2. 加大"两个力度"

（1）加大法律法规宣传力度。要充分利用报纸、广播、电视等媒体，广泛宣传安全生产法律法规。要深入乡村、社区，提高广大人民群众对安全生产违法违规行为的鉴别能力，鼓励广大人民群众自觉地参与到安全生产监管工作中，营造良好的社会氛围。

（2）加大案件查处力度。要把案件查处工作摆在更加突出的位置，坚持常抓不懈，严厉打击非法生产经营行为，做到"有案必查、有查必果"。

（二）坚持日常监管与专项治理相结合，在提升监管水平上求突破

1. 坚持"一个前提"

要坚持强化日常监督这个前提，把日常性监督检查情况纳入考核，实行目标动态管理，主要监督检查生产经营单位落实安全主体责任的情况，及时发现生产经营中存在的安全问题，将一些安全隐患消灭在萌芽状态。

2. 强化"两个管理"

（1）强化信息管理。要对生产经营单位的基本信息建立档案，为日后的监管提供可靠依据。同时，及时将违法情况或不规范经营情况登记备案，增强监管的针对性。要强化分类管理，按照生产经营单位的守法情况、忠诚度等指标要求对生产经营单位进行分类管理。

（2）强化专项管理。要加强与工商、交通、公安等部门的协作，形成联合

执法合力，通过开展各项专项整治活动，切实提升监管的震慑力。

（三）坚持内部约束与外部监督相结合，在严格自律上求突破

作为安全生产监管部门，不仅要有不辱使命的责任感，还要打造一支素质过硬的"铁军"。要做到这一点，要在制度、机制上下功夫，才能取得实实在在的成效。建立权力运行和监督机制，要严格落实责任制，形成执法有依据、操作有程序、过程有监控、责任有追究的监督约束机制，切实提高行政执法水平。积极推行阳光操作，要从转变工作方式、转变工作作风、提高服务意识入手，为生产经营单位提供阳光服务，自觉地把执法活动置于社会及广大人民群众的有效监督之下，坚决杜绝"暗箱操作"，增强监管工作的透明度。着力加强队伍建设，要适应形势发展的需求，加强对监管人员综合素质的培训，特别是要加强法律法规和专业技术知识的学习培训，努力打造一支政治合格、业务过硬、作风优良的高素质监管队伍，树立起监管人员良好的社会形象。

三、结构与体系

（一）更新监管理念，建立健全安全监管体制

更新监管理念，建立健全以企业生产经营活动为核心，全过程、全要素的系统化安全监管体制。安全监管最终是为了保障生产经营活动的顺利进行，确保生命与财产安全，安全监管本身并不是目的。因此，需打破以往以不同职能部门职责为出发点设置议程的监管模式，紧密围绕安全生产活动的各个环节要素，将安全监管活动视为一个整体系统。整合各部门监管力量，打破部门间的壁垒，做到企业生产经营活动全程覆盖，不留死角和盲区。对综合监管和行业监管部门，无论职责是否存在交叉，只要履行监管权力，就要承担相应责任，做到安全监管权责统一。在此基础上，进一步理顺综合监管与行业监管部门间的职责边界，提高监管效率，避免推诿扯皮。

（二）进一步拓展安全监管的外延，实现关口前移和动态监管

将政府安全监管与风险管理有机结合，建立以重大风险事项为驱动的政府动态安全监管模式。除了常规的企业安全生产监管以外，更加注重对可能带来风险隐患的重大项目的全程监管。对拟建项目，将项目的规划设计、行政许可、项目核准、评价评估等环节纳入监管范畴，充分吸纳相关职能部门的意见建议，从源头上规避项目投产后可能带来的风险隐患。对投产项目，除常态化的安全监督管理活动以外，还要特别注重周边环境重大改变，企业生产经营重大事项变更等可能对监管带来的影响。由安全监管综合部门牵头，联合相关部门，建立重大安全事项通报和联合会商机制，完善企业重大事项变更登记备案和动态监管制度。对

扩建项目,在规划建设和项目论证阶段即引入综合和专业安全监管等部门,从审批环节实现源头监管。

(三)建立跨部门的安全信息和监管资源共享机制

细化不同职能部门各自在信息收集、研判、报告等方面的职责,建立常态化的信息沟通渠道,定期互通安全风险信息,打通制约信息横向流动的各种隔阂,完善信息共享机制。在政府不同部门之间,建立重大安全风险信息流转制度,出台统一的风险信息采集和共享标准细则,充分利用政府各部门的安全监管和应急管理平台,借助技术手段促进安全风险信息的流通和共享。在企业与政府之间,建立企业重大风险信息报告制度,开展安全风险评估,实现对重大安全风险的动态监控。同时,建立安全监管资源统一调度与跨部门协调机制,由综合安全监管部门牵头,建立重要资源普查制度,最大限度提升资源利用效率。

(四)协同治理,建立安全治理体系

变政府监管为协同治理,建立政府部门、社会组织与公民多元参与的安全治理体系。进一步明确企业主体责任,加大违法处罚力度,大幅提高企业违法成本,从政策导向上向遵纪守法、安全生产运行良好的企业倾斜。严格规范政府部门安全监管的执法程序,严格执法,奖优罚劣,形成监管部门与监管对象良性合作的监管机制。推动行业协会发挥在行业中的约束和引领作用,严格规范企业的生产经营行为,提高协会的权威性和话语权。积极培育社会力量,鼓励公民个人参与安全监督,发挥社会媒体的舆论监督作用,强化社会力量参与监督的路径建设。真正搭建起企业主体、政府监管、社会监督的安全监管与治理体系。

(五)形成新的监管理念,摆脱对传统监管理念的依赖

改革既是挑战,也是机遇。安全生产领域改革以后,安全生产监管部门的监管任务加重了,监管范围大了,责任也更大了,基层任务量普遍增加,执法风险一定程度上也加大了,应该说挑战确实是存在的。但同时,改革给安全生产监管部门带来了机遇,责任就是职能,加强安全生产监管是实现全面建成小康社会目标的重要任务,安全生产监管部门作为安全生产监管的主力军,能为全面建成小康社会、为维护安全秩序作出贡献,应感到自豪和光荣,应该要有这样的责任感、使命感,要破除畏难情绪。

(六)进一步深化安全生产监管制度改革

改革是一个循序渐进的过程,新型安全生产监管体系的构建也需要一个过程。目前,安全生产监管制度改革需要进一步深化。在以信息归集共享为基础、以信息公示为手段、以信用监管为核心的新型监管体系的搭建过程中,制度的威力还未充分发挥出来。有些人可能会认为信用监管不如传统的罚款、巡查管用,会留

恋传统监管方法。

在新形势下，传统监管方法很难担当重任，一方面，随着市场主体大量增加，以传统方法实施监管全覆盖是做不到的；另一方面，传统的监管方法对于一些违法行为是难以发现的。所以，虽然在新型监管机制探索磨合的过程中会有各种问题出现，会有一些不适应，但改革的原则和方向不可偏离，不可留恋老手段、老方法，否则会影响到创建新型监管体系的工作效率。建立新的安全生产监管体系、新的安全生产监管机制，理念上一定要把握好，要跟得上形势发展的需要。

要做好宣传培训、教育引导、凝聚共识、营造氛围工作。目前对深化安全生产监管制度改革的认识还有待于进一步统一，对于监管的新理念、新方式有些地方把握得还不够到位，因此，加强对安全生产监管制度改革。对事中、事后监管体系的宣传是一项长期的、重要的工作。

（七）积极、主动与有关行政部门沟通、汇报

各地安全生产监管部门要把改革中遇到的重大疑难问题向当地有关行政部门汇报好，主动赢得领导的重视关心，使难点问题得到解决，保障措施得以落实；要把改革的综合性、系统性向有关部门沟通好，积极争取相关部门的支持，确保改革协同配套推进；要把改革的艰巨性、复杂性向全系统干部阐述好、讲解好，使广大干部树立攻坚克难的意识；要把改革取得的成果和创造的典型经验向全系统干部宣传好，使广大干部坚定推进改革的信心；要把改革的政策法规向社会各界和广大群众解读好，努力营造理解改革、关心改革、支持改革、参与改革的良好氛围。

这项工作是各级安全生产监管部门每名干部的事，不能把责任只落实到几个媒体上去，不能把这个责任一级一级往上推，要通过具体工作教育培训干部职工，引导社会各界理解和支持改革措施。加强对改革的宣传，每一级安全生产监管部门和每一位职员都有自己的责任。要充分借助移动互联时代新媒体传播的优势，通过新媒体，如政府网站、政务微博、政务微信公众号等搭建和社会各界、广大群众互动融合的"舆论场"，提高宣传的覆盖率和传播速率。

四、信息与资源

（一）信息管理的定义与内涵

所谓信息管理，是指人类综合采用技术的、经济的、政策的、法律的和人文的方法和手段，对信息资源进行计划、组织、领导和控制，以提高信息利用效率，最大限度地实现信息效用价值为目的的一种社会活动。它既包括微观上对信息内容的管理，又包括宏观上对信息机构和信息系统的管理。信息是事物的存在状态

和运动属性的表现形式。"事物"泛指人类社会、思维活动和自然界一切可能的对象。"存在方式"指事物的内部结构和外部联系。"运动"泛指一切意义上的变化,包括机械的、物理的、化学的、生物的、思维的和社会的运动。"运动状态"是指事物在时间和空间上变化所展示的特征、态势和规律。

(二)信息管理的重要性

信息对于监管者来说,并不陌生。在实际监管中,每个人每时每刻都在不断地接收信息、加工信息和利用信息,都在与信息打交道。现代管理者在管理方式上的一个重要特征就是:他们很少同"具体的事情"打交道,而更多的是同"事情的信息"打交道。管理系统规模越大,结构越是复杂,对信息的渴求就越加强烈。

实际上,任何一个组织要形成统一的意志统一的步调,各要素之间要能够准确快速地相互传递信息。监管者对组织的有效控制,都要依靠来自组织内外的各种信息。信息如同人才、原料和能源一样,被视为组织生存发展的重要资源,成了监管活动赖以展开的前提,一切监管活动都离不开信息,一切有效的监管都离不开信息的管理。

(三)信息管理的过程

信息管理的过程包括信息收集、信息传输、信息加工和信息储存。既有静态管理,又有动态管理。信息收集就是对原始信息的获取。信息传输是信息在时间和空间上的转移,因为信息只有及时准确地传送到监管者的手中才能发挥作用。信息加工包括信息形式的变换和信息内容的处理。信息的内容处理是指对原始信息进行加工整理。经过信息内容的处理,输入的信息才能变成所需要的信息,才能被适时有效地利用。信息送到监管者手中,并非使用完后就没用了,有的还需留作事后的参考和保留,这就是信息储存。通过信息的储存可以从中揭示出规律性的东西,也可以重复使用。

(四)信息管理系统构建的意义

随着科学技术特别是信息工程、计算机技术等高科技技术的飞速发展和普及。当今世界已进入到了信息时代。安全生产监管要求信息处理的数量越来越大,速度越来越快。为了让监管者及时掌握准确和可靠的信息、能用数学模型及过去的信息预测未来、辅助管理者进行监督和控制以及执行之后构成真实的反馈,要建立一个功能齐全和高效率的信息管理系统。

(五)信息管理的要求

1. 及时

所谓及时,就是信息管理系统要灵敏、迅速地发现和提供管理活动所需要的信息。这里包括两个方面。

（1）要及时地发现和收集信息。现代社会的信息纷繁复杂，瞬息万变，有些信息稍纵即逝，无法追忆。因此，信息的管理要最迅速、最敏捷地反映出工作的进程和动态，并适时地记录下已发生的情况和问题。

（2）另一方面，要及时传递信息。信息只有传输到需要者手中才能发挥作用，并且具有强烈的时效性。因此，要以最迅速、最有效的手段将有用信息提供给有关部门和人员，使其成为决策、指挥和控制的依据。

2. 准确

信息不仅要求及时，而且要准确。只有准确的信息，才能使决策者做出正确的判断。失真以至错误的信息，不但不能对管理工作起到指导作用，相反还会导致管理工作的失误。为保证信息准确，首先要求原始信息可靠。只有可靠的原始信息才能加工出准确的信息。信息工作者在收集和整理原始材料的时候要坚持实事求是的态度，克服主观随意性，对原始材料认真加以核实，使其能够准确反映实际情况。

3. 保持信息的统一性和唯一性

一个管理系统的各个环节，既相互联系又相互制约，反映这些环节活动的信息有着严密的相关性。所以，系统中许多信息能够在不同的管理活动中共同享用，这就要求系统内的信息应具有统一性和唯一性。因此，在加工整理信息时，要注意信息的统一，也要做到计量单位相同，以免在信息使用时造成混乱现象。

（六）监管信息的特征

1. 可再生性

知识、文化、思想、理念等，不是越用越少而是越用越多。在使用中会不断得到增长。知识、技术、文化、理念等都是可以不断创新、不断发展、不断增加的。信息资源是有寿命的，随着时间的延长，信息的使用价值逐渐减少甚至完全消失。但是信息在不同的时间、地点和不同的目的下又会具有不同的意义，从而显示出新的使用价值。

2. 共享性

知识、技术、文化、理念等都是可以进行学习和掌握的，是无边界的，靠的是一种学习的能力，而能力又是软资源，也是可以通过培养、训练而造就的。监管信息也可以为多方所利用。

3. 边际成本递减

监管信息不会随着使用量的增加而使成本递增，相反，随着使用者的增多、使用量的增加而使其成本递减。知识、技术、文化等是越学越多，积累得越多，再学习的成本就越低，掌握新技术、新知识就会越来越快、越来越多。知识、技术、文化等可以不断得到提升,其边际效益是递增的。

4.具有高附加值、强竞争力

监管信息由于技术含量多、文化品位高、社会效应大,难以被学习和模仿,具有一定的垄断性等。

五、流程与技术

(一)安全生产监管的流程

目前,安全生产监管一般的流程分为三种,第一种:举报→监管部门检查→发现问题→解决问题或处罚;第二种:监管部门常规检查→发现问题→解决问题或处罚;第三种:专项检查→发现问题→解决问题或处罚。这是流程的表象,深层的监管包含着规范和严密的流程技术问题。流程与技术也是制约安全生产监管的重要条件因素。

(二)监管技术的渐进性创新是对以往知识的深加工

监管技术的渐进性创新是在已有知识和技术的基础上寻求改进,即不断开发、利用并增强既有的知识,对以往的知识进行深加工,也就是在原有的技术轨道上不断强化和优化现有技术。核心能力的形成过程就是通过渐进性创新充分积累知识的过程。监管要培育核心能力,获得或保持监管优势,要对当前必需的资源与能力进行不断开发与投资。一旦构筑起核心能力,就要面临不断克服惰性的影响而进行能力的更新,但这种能力更新有别于能力的重构,它是在既定范式轨道上的完善,只是根据它们外部环境或市场条件的小变化对惯例作适应性改变,不断增强既有知识并对其不断进行深加工。

监管的突破性创新是对已有知识范式的否定,对已有的技术和能力形成破坏和颠覆的知识跳跃式的发展,具有突破性和非连续的特点。核心能力刚性本质与技术识别密不可分。在权衡核心能力再造时,要决定何时抛弃现有技术以及何时开发或采用新技术。这种现象经常发生,在战略上很重要。这类断裂发生时,新技术不是简单地增强现有技术,而是替代现有技术。如何在新旧技术曲线的交点上完成技术转换是更新核心能力的关键。

(三)监管面临的挑战

监管面临的挑战是识别现有的技术曲线上的拐点何时被超过,预见到对现有核心能力构成威胁的新技术,以及识别并且开发最终将取代现有方法的任何一种替代的技术。所以,避免核心能力出现范式的关键是监管要决定何时把资源转换到更有潜力的技术上。要实现核心能力的再造,监管遵循突破性创新的原则去开发新知识和增加对新技术和能力的投资是十分必要的。因此,监管的技术变革既要通过渐进性创新在已有知识和技术的基础上寻求改进，又要密切关注对已有的技术和能力形成威胁的知识跳跃式发展的新范式而进行突破性创新。

（四）规范管理的是保证工作目标实现的有效手段

规范管理是一个组织从人治向法治转型、从经验管理向科学管理转型的必由之路，是保证工作目标实现的有效手段。在"监督为本、服务至上"理念的指导下，遵循"先立规矩、后促执行"的原则，立足实际，强力推进制度化、规范化建设，实现监管工作的科学化、程序化和规范化，确保依法监管、科学监管和有序监管。

（五）规范监管的流程与提升监管的技术扭转监管被动局面的重要手段

要解决监管者干与不干一个样、干好干坏一个样、权力和责任相脱节、利益和风险不对称等问题，要建立监管考核评价办法，制定激励机制和责任追究制度，充分调动监管者的积极性、主动性和创造性。规范监管的流程与提升监管的技术是提高工作水平的精准抓手。规范是工作的标尺。只有统一标准，才能变杂乱为有序，才能变粗放为精细，才能低风险高效率地实现工作目标。规范监管的流程与提升监管的技术是服务企业发展的有效工具。监管工作要不断推进监督和服务的有机结合，监督和服务并举，共谋安全发展。要及时了解和掌握生产经营单位面临的经营困难和风险隐患，将排查生产经营单位薄弱环节和检查生产经营单位重大事项列为重中之重，推动生产经营单位改善管理、规范经营行为、实现科学决策。但服务工作要在"依法定位不越位、准确站位不出位、确保进位不落位"的工作方针指导下进行，做到"关注不参与帮忙不添乱"，保证服务工作规范有序进行。

（六）安全生产流程和技术的基本遵循

在《安全生产法》等法律法规的框架内，按照国家安监总局要求，结合安全生产实际"破难题、压担子、提水平"，以机制建设为统领，以加强基础管理、挖掘内部潜力为重点，以抓好文化落地，统一思想认识为支撑，坚持监督和服务"两手抓、两手都要硬"的原则，强化制度建设，规范工作流程，做到议事程序化、权责明晰化、考核全面化、业绩奖惩化、目标计划化、业务流程化、行为标准化、控制全程化，努力实现议事零失误、文化零距离、监督零失控、服务零摩擦、基础零缺点、行为零差错、报告零缺陷、履责零风险。

六、文化与学习

（一）学习对监管者的重要性

学习对每一个人都是重要的，对监管者尤其重要。建设高素质监管队伍是一项复杂的系统工程，加强对监管者的教育，促进学习无疑是重要的基础性工作。

时代的发展和社会的进步对监管队伍的综合素质提出了越来越高的要求。要跟上时代的发展，应对安全的挑战，就要大兴学习文化之风。

这里所说的学习，是广义的学习，即既学习知识，又学习技能；既学习历史，又学习现实；既学习自然科学，又学习人文科学；既向书本学习，又向实践学习；既讨教于专家，又问计于市场。学习是没有边界的。

（二）监管者学习的目的

1. 学习的目的在于运用

监管者要进一步认识到加强学习的重要性，以不断提高自身的思想素质和业务能力为目标，扎扎实实地学习，努力做到理论与实际，学习与运用相统一，力求达到三个方面的学习成效。

（1）学以立德。即通过学习，科学掌握立场、观点、方法，坚定理想信念，坚持正确的监管方向，牢固树立科学的世界观、人生观、价值观和正确的权力观、地位观、利益观。

（2）学以增智。即努力掌握基本知识，扬弃旧义，探求新知，不断提高监管能力。

（3）学以致用。即把学习掌握的科学理论和知识用于指导监管的具体实践，用于研究解决安全生产存在的实际问题，创造性地开展工作。

2. 通过学习形成具有创新特征的监管文化

监管文化维度创新是核心能力形成的重要条件。构建监管核心能力，需要强有力的监管文化的支持。价值观是监管文化的核心，创新变革应该是监管的价值理念体系中的核心要素。在此基础上的创新文化应是以监管精神为核心的执着追求开拓、变革、高效和卓越的文化。如果创新价值观得到了全体监管者的认同，创新制度体系和行为规范就会得以建立和完善，技术创新动力机制和运行机制就会形成并高效运转，成为形成核心能力的坚实支撑。

3. 对现有监管文化进行诊断，为监管文化变革提供依据与坐标

当确认监管文化带有抵制创新、抵触变革的封闭保守特征时，就应该有步骤地推进监管文化变革。首要的任务就是评估现有价值观并实施价值观的变革，即重新提炼、总结、归纳，确立以创新、开拓、进取为内核的符合监管战略的新型价值观。确立后的新型价值观是否切实地为监管者同享、共有，是监管文化变革能否成功的决定性环节，监管价值观被全体监管者接受的前提是领导者的认同。首先要发挥领导者价值主导和表率作用，只有领导者对他所倡导的监管理念坚信不疑，才能对监管文化变革起到巨大的影响和推动作用。

4.传播对未来状态的明确构想

在监管文化变革中,应该注重系统地、始终一贯地对监管者坚持以培训的方式传播新型价值观,传播对未来状态的明确构想。讲述新型价值观的内涵及相应的行为规范监管精神和应遵守的信条等,要发挥榜样的示范作用,表现出价值观念的人格化,把抽象的价值观念变为具体可感受的事迹。监管内部传媒是传播、评述、释疑企业新型价值观的重要渠道。把舆论与宣传提升至价值观、监管理念传播的高度,在推进企业文化变革的过程中,也要利用非正式的传播网络,传播新型价值观念。

第三章 安全生产监管方式的优化

第一节 前瞻性监管

一、前瞻性监管的特征

（一）强调主动性

前瞻性监管不能满足于完成当下的任务，而要有发展的眼光，着眼未来，了解事物未来发展的大趋势；在任务目标明确后，要果断行动，积极采取措施排除一切困难完成任务。如果监管工作没有前瞻性，就不能预见未来的发展机会。即使预见到未来的机会，如果缺乏主动性，也抓不住先机。主动做好安全生产工作，取得预防事故案件的主动权，具有非常重要的意义。

（二）强调前瞻性思维

在前瞻性监管工作中，非常重要的是前瞻性思维。前瞻性思维，就是在处理问题的时候，能深思熟虑，有远见地看待安全问题，不只是看表面，更注重事件或隐患背后所隐含的本质层次上的东西。在前瞻性思维的指导下，能更有效更能动地去处理监管中所遇到的问题；探索事故案件发生的一般规律，增强安全生产管理工作的前瞻性。

（三）强调沟通

作为一种监管方式，"前瞻性"本身也依赖于对话。通过对话，可以自由地表达自己的意思，也能自由地接受他人的意见，由此建立共识，由此安全监管方式建构得以成立。当前，"前瞻性"作为人的主观意识之一，还分散在无数人的头脑中，尚处在"分立的个人知识"的境况。只有对话，真诚的、充分的对话，才能实现知识的有效转换，才能把前瞻性监管由分立的个人知识转变成为系统的社会知识，前瞻性监管的观念才能成为整个社会的知识基础，成为监管的资本。有了共识，便可能付诸实践。"前瞻性监管"作为一种方式建构，只有在实践中才能被不断地改造、创新和发展。而实践者亦可在对"前瞻性监管"进行批判、反思和改造的基础上，不断地提升对话能力，不断地改进实务活动。

二、前瞻性监管的布局

（一）前瞻性的规划

前瞻性的规划是一种未来导向的活动。其目的是通过对安全的判断，为未来选择合适的发展道路。它意味着监管者开始摆脱被动的执行者的地位，开始以一个社会行动者的身份考虑未来。这是一种监管者主体意识的苏醒。

前瞻性规划要思考以下几个问题：愿景——监管目标究竟是什么；战略——要如何达到设定的监管目标；具体行动——应如何设计行动的蓝图；监控与评估——怎么确定自己是否沿着正确设定的方向前进。这也比较符合前瞻性监管的设计本质，尤其是理性设计的本质。

（二）价值导向和共识形成

前瞻性监管是以一套系统化的程序，将监管的目标、策略、资源以及行政过程连接起来，使得这些决定监管前途的重要变量都明确化，并且受到持续的跟踪管理。具体做法如下。首先，确定监管的使命：详细探讨并认定整个监管的短期与长期使命。其次界定利害关系人：确定监管的直接与间接利害关系人，并评估个别利害关系人对监管使命实现的影响和对监管的表象特征。第三，制定监管目标的依据：制定监管目标的依据除了监管的使命之外，还有利害关系人的态度。监管的目标实际上是组织使命和利害关系人态度之整合的产物。从这个意义上讲，监管目标体现了监管者与利害关系人的共识，体现了监管活动的互为主体性。

（三）回应性与创造性

1. 回应性

每一个时期、每一个新的安全问题，都可以在既往的传统中发现其成长和演进的轨迹。一般说来，一种新的安全问题都有一个从"隐"到"显"、从"边缘"到"中心"的生成和发展过程。对于监管者来说，复杂性因素的增长，事实上宣布了定位于回应性角色上的监管不再适应。因为，在这种情况下，无论多么及时的回应，都会显得大大落后于客观实际的要求。事实上，复杂性本身以及复杂性因素所带来的不确定性，已经使监管不知如何回应了。如果拘泥于回应性的角色，只会时时面对风险和危机。利害关系人之态度的考虑，实际上暗含了对其他社会行动主体意愿的回应性。在现有政府的结构、制度前提下，尽可能把前瞻性与回应性统一起来，在一切可以通过前瞻性解决问题的地方，都积极地用前瞻性尝试去代替回应性追求。在进一步科学探索中，可以考虑前瞻性监管的建构问题，去研究前瞻性如何能够作为一种普通属性而贯穿于监管结构制度、运行机制等的每一个方面。

2. 创造性

（1）危机设计，这种设计着眼于短期，强调决策的规则和形式主义。

（2）理性设计，该类型对于危机有较深刻的认知，并试图通过理性知识、专家和科学工具来解决问题。

（3）渐进设计，渐进设计充分考虑并尽量采纳各个行动者的价值，强调合作达成过程的相互调适。

（4）社会设计，若将理性设计视为科学，渐进设计理解为艺术，则社会设计是科学与艺术的联姻。它试图通过行政人员、专家、从政者、社团和服务对象之间针对特定议题的互动来制定方案，实现事实与价值、应然与实然之间的有机融合。这些设计都有积极的、自主的一面，都有自己的价值取向。

第二节 逆向性监管

一、逆向性监管的时代性

逆向性监管的时代性,是由安全生产监管的连续性和阶段性决定的。保持和巩固安全生产监管的连续性,不断提高生产力的水平,是生产经营单位兴旺发达的标志。安全生产监管是一个大系统,是由很多要素组成的。安全生产系统的发展不仅取决于系统内部诸要素之间的相互作用,而且还取决于系统外部环境的变化。安全生产在不同的时代,由于条件的变化又呈现出阶段性。在不同的阶段,逆向管理的思想、内容、性质、方法、手段都不相同。以前,监管以传统经验法则为主,凭个人的经验和系统、信息、控制科学方法论分析处理现代监管过程中的各种问题。近年来,有关单位的实践证明,逆向监管是行之有效的理论和方法。

二、逆向性监管的科学性

逆向性监管的科学性是由物质运动的规律性决定的。人类社会虽有其固有的特殊性,但它仍属于自然界的一部分。人类社会是物质运动发展到一定阶段的产物,在本质上,它仍包含在物质运动体系之内,受物质运动规律的制约。人类社会的发展是有规律的,它是由生产力和生产关系、经济基础和上层建筑这两对矛盾的发展所决定的。安全监管也是如此,监管作为进行社会生产的必要条件,其科学性与社会生产的规律性也是联系在一起的。在新的市场经济条件下,生产经营规律性的不断变化要求逆向性监管具有科学性。逆向性监管的科学性又促进了企业生产经营的进一步发展。

三、逆向性监管的必要性

逆向性监管的必要性是由生产经营的社会性决定的。监管是进行社会生产的必要条件,它是生产劳动社会化的产物。生产社会化的程度越高,逆向性监管就会显得愈加重要。自20世纪60年代以来,全球的总体生产力迅速发展,科学技术突飞猛进,社会生产发生了巨大变化,管理的对象变得更加复杂化。其具体表现是:管理的规模越来越庞大,分工更加细致,联系更加紧密,市场情况千变万化,信息量空前增加。在这种情况下,要不断提高逆向性管理水平,才能适应在新形势下的市场要求。

四、逆向性监管的重要性

（一）逆向性监管的重要性是由生产经营的效应性决定的

生产经营的效应如何，与逆向性监管水平的高低又有密切关系。一般的发展规律是：监管水平高，生产效应就大；生产效应越大，越需要提高监管水平。监管在社会生产过程中，实质上是起放大和增效作用的，即放大系统中人、财、物等要素的作用，增加人与人、人与物、物与物组合的生产效应，好的管理能有效地增加经济效益。相反，坏的管理会在生产上造成很大的浪费，给企业带来损失，甚至使企业倒闭。监管是企业生产效应好坏的关键，要走以提高经济效益为中心的新路，就要不断提高企业的素质及生产经营效应，要加强逆向性监管，就要不断提高逆向性管理水平。

（二）逆向性监管创新要具有普遍适用性

逆向性监管与其他方面的创新一样，并不是随便有个新思想、新主意便可。创新要具有普遍适用性，如果没有这一点，那么许多新奇的想法也就变成了空想。但是，新奇的想法却是创新的基础，因为如果没有新的想法，创新也就无从谈起。现代监管发展的过程，就是一些新的想法提出后逐步成型，并具有实用性，为大家所认可和采用的过程，这也就是一个创新的过程。在这个过程中，可以归纳出一些创新的原则，作为在逆向性监管方面的基准和出发点，逆向思维就是指与一般人、一般企业思考问题的方向不同，大多数人不想或没有想到的，认为是正常的事情，加以思考，从中发现问题，这就是一种反向思维；人们对某一问题通常是这样考虑的，然而你却从其他角度去考虑，这又是一种反向思维。通过这样一些反向思维，可以避免单一正向思维的机械性，克服对问题认识的简单化，从而引发或促成与问题的新发展趋势相适应的新观念，对问题解决起到突破性作用。

逆向性监管中最突出的特点就是逆向思维的运用。在现实生活中，许多重要的突破和创新具有悖理的特征，这是逆向思维的结果。因此，能够思考对立面是聪明思考包括创造性思考的根据。

五、逆向思维的特征

（一）普遍性

逆向思维在各种领域、各种活动中都有适用性，由于对立统一规律是普遍适用的，而对立统一的形式又是多种多样的，有一种对立统一的形式，相应地，就有一种逆向思维的角度，所以，逆向思维也有无限多种形式。如性质上对立两极的转换；软与硬、高与低等；结构、位置上的互换、颠倒；上与下、左与右等；过程上的逆转；气态变液态或液态变气态等。不论哪种方式，只要从一个方面想到与之对立的另一方面，都是逆向思维。

（二）批判性

逆向思维是与正向思维比较而言的，正向思维一般是指常规的、常识的、公认的或习惯的想法与做法的思维模式。而逆向思维则恰恰相反，它是对传统、惯例、常识的反叛，是对常规的挑战。逆向思维能够帮助人们克服思维定式，破除由经验和习惯造成的僵化的认识模式。具体到安全生产监管中，可以帮助决策者做出更加准确的决策、论证决策的正确性等。

（三）新颖性

循规蹈矩的思维和按传统方式解决问题虽然简单，但容易使思路僵化、刻板，难以摆脱习惯的束缚，得到的往往是一些司空见惯的答案。其实，任何事物都具有多方面属性。由于受以往的经验影响，人们容易看到事物熟悉的一面，而对另一面却视而不见。逆向思维能克服这一障碍，结果往往出人意料，给人以耳目一新的感觉。

第三节　解剖式监管

一、解剖式监管内涵

安全生产系统由认证、防护、检测、评价、培训、应急救援、机电、运输等子系统组成，当这些子系统健全并协调运转时，生产经营单位将处于安全生产状态；若某些子系统不健全，势必造成子系统间不协调，最终导致事故的发生。解剖式监管就是依照有关安全生产的法律、法规、标准、规范、政策和制度，并借助相应的监察技术装备，采用科学的手段，对安全生产系统或某子系统进行深入剖析。

二、解剖式监管分类

解剖式监管可分为两类：系统（或整体）解剖式监管和局部解剖式监管。所谓系统解剖式监管，就是从监管对象的整体入手，围绕生产经营单位安全管理的各个方面，进行深入细致的监管，找出安全监管的薄弱环节和存在的问题，分析问题产生的原因及其对并联系统的影响，提出有针对性的解决办法或防范措施，推动生产经营单位安全主体责任的落实。局部解剖式监管是个相对概念，它是对生产经营单位安全生产的某个管理单元、某个子系统或者某个生产区域进行深入细致的监管。具体到操作上，系统解剖和局部解剖又常常根据现场发现问题的具体情况和性质及时进行调整，有时可能因系统解剖发现的问题而延伸为对其影响的子系统或区域进行局部解剖；也可能因局部解剖发现的问题而扩展为对系统的解剖。

三、解剖式监管目的

解剖式监管的目的主要有：一是通过解剖式监管，全面、系统地掌握被解剖生产经营单位的安全生产信息，从战略的高度对这些信息进行系统性的分析，提炼升华安全生产管理经验、亮点，剖析安全生产管理问题产生的深层次原因。二是对生产经营单位安全生产管理中存在的违法行为，作出行政处理或处罚，提出改善安全生产管理意见。三是打破安全生产监管只注重生产现场监管，对现场查出的问题就事论事，只看现象、不看本质、头痛医头、脚痛医脚的约束，拓宽监管广度与深度。四是推广安全生产管理先进经验、先进技术，推动生产经营单位建立长效安全生产机制，实现安全发展。

四、解剖式监管方法

解剖式监管的方法：系统解剖式监管涉及面广、信息量大。为保证监管质量，在人员、时间上要充分保证。监管过程是"总－分－总"，即"把握整体－深入细节－分析处理"。为掌握真实情况，可以采取考试、问卷、座谈、现场抽查等形式进行监察。在人员的组织方面，根据需要可以只是本单位的监管人员参加，也可以和监管部门联合、与兄弟单位协作或外聘专家参与。由于局部解剖式监管涉及面相对较窄，信息量相对较少，因此，一般只要监管人员参加即可，但要求监管队伍精干、业务熟练。全过程应是"线一点一面"，即"抓住主线－切中要点－分析处理"。局部解剖式监管运作方式类同于系统解剖式监管，也可依据监管对象的具体情况灵活处置。

五、解剖式监管实施步骤

解剖式监管的组织实施可分以下步骤：第一，确定对象，依据解剖式监管对象确定原则，议定需要进行解剖式监管的具体对象。第二，成立组织，成立解剖式监管组，一般领导担任组长，根据需要分设若干专业小组。第三，编制方案，召开分析会，分析监管对象的有关情况，编制具体监管方案。第四，组织实施，按监管方案要求，做好充分准备工作，带齐必要的监管仪器仪表、询问表格、测试试卷等，分组对有关资料、场所进行监管，收集信息。第五，分析处理，分类汇总各类安全隐患或问题，制作相关执法文书，下达现场处理决定；找出影响安全生产的深层次问题；对安全生产违法行为按照相关执法流程进行处理；总结被监管者安全生产管理先进经验、先进技术。第六，通报结果，向被监管单位通报监管结果，向主管部门、有关地方行政部门提出监管建议、意见。第七，跟踪落实，对在解剖式监管中责令限期整改的安全隐患或违法违规行为，跟踪、调度整改情况，到期复查，形成监察闭环。同时与被监管者、地方政府保持沟通，跟踪解剖式监管中提出的意见、建议的落实情况。

第四节　动态化监管

一、实行安全生产动态化管理的必然性

（一）国家面临的安全形势，要求做好安全生产动态化管理

《安全生产法》从强化安全生产工作的战略地位、进一步落实生产经营单位主体责任、政府安全监管定位和加强基层执法力量、强化安全生产责任追究四个方面入手，着眼于安全生产的现实问题和发展要求，补充完善了相关法律制度规定，体现出国家对安全生产的重视。面对如此形势，企业的安全管理，也要随之做出改变，以适应国家对安全工作的新要求。如果认真落实好安全生产动态管理的各项措施，弥补管理方面的漏洞，发现并排除动态性的隐患问题，消除事故因素，事故自然就不会发生。因此，安全生产动态化管理正是弥补这些缺口的有效措施。

（二）企业自身发展的规律，要求做好安全生产动态化管理

企业要想做强、做大，不断向前发展，要提高人员素质、升级设备、运用新技术等。企业的发展进步必然会引起工艺流程、作业标准的改变，这就要求企业要在各个方面进行及时跟进，提出与之相应的管理办法。安全管理作为企业管理的重要组成部分，只有及时更新，才能满足企业安全生产的需求，一成不变的安全管理模式、规章制度、控制措施是无法适应企业健康发展需求的，更无法为安全生产提供有效的保障。因此，企业要加强安全生产动态化的管理理念，树立先期介入的意识，以发展的眼光看问题，提前做好安全管理方面的工作，为企业的升级换代提供强有力的安全保障。

（三）生产过程的特点，要求实行安全动态化管理

生产过程是企业工作中最容易发生安全问题和失控的环节，生产过程的安全管理是一项庞大的系统工程，是安全控制的难点和关键点，需要进行多方面、全方位的建设。众所周知，生产过程是一个涉及设备、工艺和操作的动态过程，既然是动态的过程，就要有与之相适应的控制措施。而控制措施确立的关键是，要做好安全动态化管理，依靠安全动态化管理监控生产过程中的每个环节，及时发现病害、消除隐患，把安全风险降至最低，确保生产过程的安全进行。

二、做好安全生产动态化管理需做好几个方面的工作

（一）加强安全制度建设

没有规矩，不成方圆。制度建设是一切工作的前提和基础，规章制度是用来规范干部职工言谈举止的标准和规范。做好安全生产动态化管理，需要建立以安全生产责任制为主体的安全管理机制，制定相应的安全生产制度，制定岗位作业标准、操作程序等多项安全管理制度，并保障安全生产制度得以执行和落实，对工作起到规范、约束和指导的作用。因此，与安全生产动态化管理相配套的各项制度的制定应以确保安全稳定、有序可控为目的，责任要清晰，职责要明确，要立足实际，紧密结合作业现场。同时，要考虑是否能执行、是否能被作业人员接受等问题，最大限度地防止作业职工对规章制度产生抵触情绪，保证出台的规章制度能够得到有效执行。

（二）加强对外部环境的预测和内部数据的分析

安全工作要有超前性，以季节特点、工作环境、人员素质、思想动态、设备状况、生产规律、典型案例等为依据，通过收集、整理、分解、论证，对生产过程中诸要素进行分析，找出问题所在。例如，分析问题属于必然性或偶然性、规律性或随机性、长效性或阶段性，从中找到解决问题的办法。具体从以下三个方面进行分析。

1. 改进管理制度

从管理制度上加以改进，进一步健全相关的规章制度，完善安全管理体系，堵塞管理漏洞。

2. 强化控制手段

从控制手段上予以重点强化，未雨绸缪，制定有针对性的防范措施，让大家都知晓安全关键的控制点和防范措施，增强全员防范风险的意识。同时，把它作为安全监督检查的重点内容，牢牢把握安全的主动性。

3. 构建安全应急机制

对外部环境进行预测、内部数据进行分析，建设好安全应急机制，以保证在突发情况下，相关各项工作能够有条不紊地展开，最大限度地保护人员和财产安全，把损失减少到最低。安全应急机制也要进行动态化管理，适时开展模拟演练，找出不适应的环节，及时修订完善。

（三）加强安全培训教育

人是安全诸因素中最为活跃、最具动态性、最完善的因素。再健全的规章，归根到底是要靠人去落实的，因此，人的安全意识、思想动态、技术素质都对安

全生产有着直接的影响。加强安全教育培训，要把重点放在安全意识方面，以增强职工自保互保意识为目的，组织学习安全法律法规，开展事故案例分析教育，使员工意识到自己肩负的法律责任、意识到自己是发生安全问题的直接受害者、意识到事故发生带来的严重后果，引导员工从思想上加以重视。安全事故的发生，除了职工安全意识淡薄外，还有一个重要的原因是职工的自觉安全行为规范缺失、自我防范能力不强。因此，安全教育还应注重培养职工的安全行为规范、提升安全防范技能。通过组织开展专题技术业务培训、技术比武、生产运动会等多种活动，加强对新技术、新工艺、新标准的学习，努力提高应对生产过程中动态性变化的能力。

（四）加强对生产过程的监督检查

生产过程是安全管理中的重要一环，是问题的多发环节。加强对生产过程监督检查的目的就是要及时发现过程中存在的问题，并加以解决，防止问题蔓延和扩大。对生产过程的监督检查要根据生产经营的实际情况，可以采取数据传导监测，通过对相关数据的收集、分析，及时掌握设备运行状态，也可采取视频监测的方式，通过画面掌握现场生产情况，还可采取检查人员现场检查的方式。需要注意的是，各种监督检查的方式要适合现场生产的实际，尤其是对人的监督检查，应注意方法和频度，防止人员因过度紧张和分心而导致安全事故的发生。

（五）加强企业安全文化建设

安全文化是存在于人们头脑中并支配人们行为的思想，如何提高员工对安全文化的认知和认同，是安全动态化管理的一项重大课题。只有干部职工真正树立了"不伤害自己、不伤害他人、不被他人伤害"的安全理念，才会筑牢安全思想防线。安全是硬指标、高压线，规章制度、作业流程也是刚性的，大多时候是要靠强制手段来执行的。但是，如果进一步拓宽思路，在安全文化中植入"柔"的元素，运用"以柔克刚"的方法，必然起到意想不到的效果。安全生产动态化管理，要求用发展的眼光看待安全，用运动的观点管理安全。在实际运用中，应根据生产经营形势的变化及时调整，持续改进，体现出动态化管理的特性，把生产经营秩序牢牢控制在稳定状态。

第五节　一体化监管

一、微观一体化

（一）对象一体化

现代安全生产监管的对象是人、物、环境。一切事故都是"人、物、环境"相互作用下发生的破坏事件。安全生产监管对象已转变为较为复杂的系统，用系统的思想整体认识和把握安全生产监管的本质和内在规律是一种客观的、必然的要求。通过对火灾、爆炸、坍塌、中毒等各类安全生产事故，以及道路交通事故、飞机失事、火车相撞等意外事故的分析，都能揭示事故发生的规律，即人的不安全行为、生产或技术系统的不安全状态、作业条件或环境不理想造成的。人的不安全行为或物的不安全状态是事故的直接原因。这种原因是安全管理中要重点加以分析的。直接原因只是一种表面的现象，是深层次原因的表征。要实现从人的静态安全向人的动态安全的转变，就应将人（主体）、物及环境（客体）、主体与客体的关系转化为相互联系的三个因素，共同构成安全生产对象动态一体化的结构模型。

不安全行为（包括人失误）：一般指明显违反安全操作规程的行为以及行为结果偏离了规定的标准行为，这种行为往往造成能量或危险物质的意外释放，直接导致事故发生，也可能造成物的因素问题，进而导致事故。

物的不安全状态（包括物的故障）：可能直接约束、限制能量或危险物质的措施失效而发生事故。有时一种物的故障可能导致另一种物的故障，最终造成能量或危险物质的意外释放。物的因素问题有时会诱发人的因素问题。

环境因素主要指系统运行的环境，不仅包括物理环境，还包括企业和社会的如安全文化、安全认知、安全组织结构等软环境。不良的物理环境会引起物或人的因素问题。如潮湿的环境会加速金属腐蚀而降低结构或容器的强度；工作场所强烈的噪声影响人的情绪、分散人的注意力而发生人的失误；管理制度、人际关系会影响人的心理，从而产生人的不安全行为。这些均构成了一个复杂而又相对封闭的物质系统，并自然遵守能量守恒定律。当对象之间的能量交换超出了某一个耦合点的时候，就会发生突变，而这种突变最终必然影响到主体，即对象子系统中的人。所有的能量、信息流交换的最终作用对象都是人。因此，要预防事故的发生，就要建立合理而可行的人、机、环一体化系统，最大限度地分析系统中可能存在的危险因素和事故隐患，以求达到安全、舒适、高效率地进行生产或工作的目的。

（二）监管过程一体化

1. 定义工作范围

包括定义任务、制订计划、确定工作的重要度和期望值、分配资源等。

2. 分析危险

通过安全检查等方式，辨识、分析和分类各种危险。通过危险分析，提供危险控制所需要的安全数据，使监管者、操作者清除危险的所在，为下一步做好准备。

3. 确定和实施危险控制

查看和研究标准、政策、程序以及要求，确定阻止和减少危险的控制方法。

4. 风险评价

在风险识别和风险估测的基础上，对风险发生的概率，损失程度，结合其他因素进行全面考虑，评估发生风险的可能性及危害程度，并与公认的安全指标相比较，以衡量风险的程度，并决定是否需要采取相应的措施的过程。

5. 处理反馈

根据控制危险的定性和定量信息，建立事件与事故的数据库，消除安全监管中的问题，实现安全监管的可持续发展。

二、宏观一体化

宏观一体化即监管对象和监管过程的有机融合。安全监管对象与安全监管过程是"物质"与"运动"的关系。安全监管是通过安全监管过程对监管对象进行管理。而监管对象也不可能脱离监管过程而实现安全的控制。离开对象谈过程和离开过程谈对象都是不正确的。安全监管对象与过程要一体化。人的活动范围、物以及环境的工作范围是一个相互联系、相互影响、相互制约的有机整体。在对人的活动、物、环境的危险作出分析，识别各分类标准、要求、规程之后，都集中到了辨识和执行人的活动上。监管对象和监管过程是一个闭环系统，当这一系统被闭环后又进入下一个循环，从而不断实现系统的新陈代谢。

三、一体化监管的特点

（一）灰色理论

一体化动态安全生产监管的对象子系统是以安全的三要素（人、物、环）作为主要组成部分的，应当以系统的观点来研究它们之间的相互关系及规律。但安全系统是一个灰色系统，其要素间的相互关系具有一定的灰度，要以灰色理论来研究。应当通过对监管对象运用因素相互影响分析的关联分析法，全面系统地找出可能导致事故的危险因素。

（二）以人为本

安全生产工作应当以人为本，坚持人民至上、生命至上，把保护人民生命安全摆在首位，树牢安全发展理念，坚持安全第一、预防为主、综合治理的方针，从源头上防范化解重大安全风险。

人既是安全监管的主体，也是安全监管的客体，不管是微观一体化还是宏观一体化，都是围绕着人这一中心来进行的。人是一体化对象体系的中心。一体化的最终目的是将安全统一到监管工作的各个层次中，定位所有的工作和所有类型的危险，以保证工人、公众和环境的安全。

（三）循环、动态发展、突出安全管理

一体化安全生产监管过程遵循典型的 PDCA 循环工作法。

在体系的运行中，过程与对象构成了可持续发展的动态安全生产监管系统。过程通过一定的干预，对对象的不断控制和调节，使安全生产监管体系处于不断的新陈代谢中，在运动发展中完善自身。

一体化安全生产监管与 OHSMS、GB28001 最大的区别在于前者是将生产过程中的安全管理作为独立的研究对象，对安全管理中的因素进行有机的一体化。

第六节　循数监管

一、循数监管的背景

安全生产监管的使命是有效防范和坚决遏制事故，保护人民群众生产过程中的安全与健康，促进经济社会科学发展、安全发展。监管的科学性在于依法依规、行为规范、监督有力、运行高效。面对量大面广的监管对象，既要用好法律法规武器打击非法违法生产经营活动，防止事故的发生，又要坚持"安全第一、预防为主、综合治理"的方针，全面部署、重在预防，不断提高安全生产监管水平，提升安全生产的控制力。

如果从国际流行的事故因果关系多米诺学说、多因素学说、纯机遇学说、事故倾向学说、能量转换学说所构建的危险动态平衡模型、事故模拟图形模型、事故序列模型、事故偏差模型、事故信息模型看，事故机理总是在特定条件下，随着事故因子流动演变发生发展所造成的。既然事故因果关系学说构建的事故模型反映了事故的规律性，从中寻找变量参数，管控好重点环节和变量参数阈值，建立不同条件下变量参数演化仿真系统，自然对研究事故发生发展和遏制事故会有比较大的参考价值。

二、大数据对安全生产监管的影响

安全生产监管处于一个数据化的环境之中。无论是面对的安全生产状态、亟须解决的安全问题，抑或解决问题的手段方法及行为的结果和效能无不以一定的数据形式表现出来。在此背景下，社会系统中的数据与安全生产监管责任之间形成了一种内在关联性，大数据深刻地改变了安全生产监管的责任生态。

（一）安全生产监管责任结构的稳定性受到弱化

信息技术打造而成的大数据时代改变了政府责任的整体生态环境，培育了更为多元的公共需求的表达主体，拓展了政府责任延伸区域。在现代信息技术的支持下，每个社会组织或个体都有可能是直接或间接的数据源。各种数据源交互在一起使人类产生的数据越来越具有非结构化特点，这对相关行政部门责任的具体设置与构成的稳定性带来了一定的冲击。

（二）安全生产监管内容指向更为具象化

以商业组织为主体的私人部门的生产、运营数据，以公民为主体的公民社会的民意数据及以安全为对象的科研数据共同构成决策的基础数据。这些在内容上表现出多样性的数据或能够发现问题，或预见发展趋势，为宏观决策提供依据。既然各种社会个体都可能是数据的来源，而数据源的差异性必然导致数据具体内容的多样性。在大数据背景下，就需要从海量的数据中挖掘多样的公共需求、发现复杂的公共问题，并对应到政策制定和执行环节中。因此，行政部门责任呈现出越来越细化具体的趋向。

（三）安全生产监管过程更具动态性

大数据是一个动态概念，时下的大数据只能说是"相对较大"的数据。原因有三：一是数据源规模在不断壮大；二是数据总量不断扩大；越来越多的组织和个人产生难以估量的数据信息；三是快速发展的数据处理技术在不断提升，数据的整体能量被技术激活。在这个环境中，安全生产监管需要面对更多的服务对象、更多样和更多变的公共需求并根据动态的外部环境的变化适时调节履责方式、步骤。

（四）安全生产监管方式呈现出强互动性特点

现代信息技术改变了人类社会生产、交换和交往方式，这使得在快速制造数据、便捷传输数据的同时，相关群体亦可以积极参与互动，赋予原始数据更多的意义。基于网络技术，越来越多的社会成员获得了讨论和评价社会现象、公共问题、制度政策的机会，提高了行政部门与公民社会之间沟通交流的互动性。行政部门有责任从政府系统之外获取信息以保证公共政策的制定执行与公共需求相对应，公众也要求政务信息公开确保公众知情权、监督权的有效实现，并通过公共评价对公共政策、行政部门行为等施加影响。

三、循数监管的基础

创新安全生产监管监察，实施"循数监管"既有基础也有条件。如果用好新中国成立以来历年的事故统计数据，就可挖掘推演的出来年事故走向和总体趋势。如果用好每年隐患排查、建设项目安全评价、检测检验和事故统计数据，就可挖掘推演得出隐患的分布规律和与事故的相关关系。如果用好安全质量标准化建设数据，就可挖掘判断企业安全生产的管理水平，合理确定安全生产监管监察的工作重点，从而更加有针对性地指导监管监察工作。如果用好作业场所监测监控数据，就可挖掘推演得出灾害因子流动发生发展规律，早期发现、提前预警，指导企业采取措施有效防止事故的发生。互联网和物联网、大数据和云计算新技术的不断发展，为安全生产监管监察大数据分析和深度挖掘提供了技术支撑，必将使安全生产监管监察从纷繁复杂、忙忙碌碌的事务性工作中解放出来，用大数据捕捉异常因子，挖掘事故征兆、预测未来，这显然对防范事故，强化安全生产监管监察，提升安全生产监管监察效能，提供了一套新思路、新方法。

四、循数监管的途径

尽管安全生产监管监察"循数监管"有一定的数据量作为基础，但是要真正实现"来源可追、去向可查、责任可究、漏洞可堵、事故可防"的目标仍任重道远，还需在实现途径上聚焦目标、全面设计、系统谋划、整体推进。运用数据发现潜在安全问题、挖掘安全问题的成因、找寻治理对策才是践行循数监管的现实目的。不管大小，数据总会或多或少地蕴藏着一定信息，一旦这些信息不被发掘或不被使用，那么这些数据就会成为缺乏活力的"死"数据。

运用数据实施监管，首先，要从数据中找"问题"。要运用现代分析工具和方法从数据中全面发现安全问题，准确定位安全需求，确定决策和治理的基本方向。其次，要从数据中找"原因"。进入决策和治理视域的安全问题必然在量上具有相近性、在形式上具有相似性、在成因上具有同质性，应该组织数据团队、专家咨询团队对已占有的数据进行归纳和总结，挖掘问题诱因及其内在关系。再次，要从数据中找"思路"。经过透析数据，对安全问题进行定性和定量研究分析之后，需要确定解决问题的整体思路和规划。最后，要从数据中找"对策"、找"方法"。提升数据运用能力需要从治理决策和治理过程两个方面谈。

在治理决策方面，要将大数据的统计、分析工具运用到决策过程中，充分发挥数据"找问题""找原因""找思路""找对策""找方法"的功能，保证决策的科学性、客观性、有效性。在治理过程中要尽量减少数据信息的壁垒，减少数据共享的阻碍，尤其是横向职能部门之间要强化业务信息的对接和共享。另外，治理举措、过程及结果也表现为一定的数据，为了提高安全生产监管效能，也有必要深化监管行为的精细化管理。

第七节　循环监管

一、工作指标（Index）

安全工作指标是指用于衡量企业安全生产管理在运作上整体体现的一种标准或方法。企业单位作为监管对象，其安全生产要素指标既是政府监管的目标重点又是监管工作的落脚点。这里的安全工作指标的设立对象主要是指企业单位安全生产水平及管理要素的执行情况，工作目标的制定有助于政府监管部门落实监管工作时明确监管目标、针对监管重点进行监管绩效评估。安全工作指标的制定是安全监管的准备工作，也是监管方法实施的重要基础。工作指标的制定要采取现场调查、资料分析和会议讨论的方法，综合考虑各方面因素不断分析总结得出，通过现场调查和企业上呈的报告资料等了解监管对象的安全生产要素及管理措施的执行情况，同时结合分析政府监管队伍力量、监管人员职责要求，最后通过监管负责人和相关专家会议讨论决定得出。

安全工作指标的提出需要考虑监管部门重点监管生产单位重大危险隐患、提出改进措施等监管职责以及监管对象的不安全因素、企业安全主体责任落实情况等内容，这里以企业为指标对象综合提出以下四个监管方法实施的工作指标：第一，企业成立相关安全管理部门，工作场所各方认识到安全生产战略的重要性，并将其作为日常工作的一部分。第二，监管部门依法监管企业存在的风险隐患，开发并制定有效的、改善安全状况的激励措施，企业落实各项措施及自我监督检查重点岗位、事故隐患、安全管理的情况。第三，推进安全生产宣传教育及培训工作，提高领导干部、安全人员的安全管理能力和素质及员工的安全意识。第四实行安全生产主体责任考核制度，坚持安全工作重奖重罚；构建主体责任落实机制，各类人员执行自身相关的安全职责的情况。在实施安全生产监管工作计划的初期，分析监管对象实际安全生产情况，在上述四项指标的基础上制定更多更具针对性的工作指标，以衡量监管对象安全生产执行效果。

二、PDCA 循环

（一）第一阶段：计划（Plan）

计划——确定方针、目标、活动计划。制订安全生产监管工作实施计划，是保证安监人员在监管工作过程中有据可依、明确自身职责和任务的基础,是确保监管工作有效、顺利进行的前提保障条件。计划制定要以上述四项指标及区域企业生产经营情况为依据,明确监管工作内容和目标;确定监管范围和重点,包括重点监管区域、企业、危险设备、作业场所等;合理安排监管队伍和原则,准备各方面基础工作。

(二)第二阶段:实施(Do)

实施——实地去做,实现计划中的内容。现代观点认为实施是指设计方案和布局。依据监管计划落实监管工作。安全生产监管人员通过电话、网络及实地监察等方式对计划中确定的重点区域和生产过程进行监督、指导和管理,对危险作业场所进行现场监察,考察其各项安全工作指标实施程度,对发现的风险隐患提出改进措施和指导建议并进行记录。

(三)第三阶段:检查(Check)

检查——总结执行计划的结果,分清哪些对了,哪些错了,明确效果,找出问题。现代观点认为检查即4C管理:Check(检查)、Communicate(沟通)、Clean(清理)、Control(控制)。对安全监管工作内容进行检查和总结,评估被监管区域及单位的安全生产状况和安全工作指标执行情况,最终得出企业单位安全生产工作的落实结果;根据总结结果,公开、公正地讨论存在的问题和薄弱环节,制定相应的解决办法和措施,通知并指导企业实施。

(四)第四阶段:改进(Act)

保持和完善监管过程中发现的使企业安全生产取得良好效果的制度或措施,争取达到最佳实施效果;对存在的安全问题和薄弱之处要根据"检查"阶段提出的解决措施予以改正,从而提高安全工作指标,监管人员则要监督和跟踪企业落实情况;在跟踪改进过程中若发现新问题、新情况,要查找进一步改进措施,将这些情况纳入下一阶段监管计划当中,不断完善监管工作计划,准备实施下一轮PDCA监管行动。

第八节　网格化监管

一、建好三级网格

按照"定区域、定对象、定职责、定人员、定奖惩"的要求，将监管辖区和监管对象分成网格责任区和网格相对人，实现监管工作明确、量化、主动、及时、持续和可追溯，确保安全生产监管工作履职到位，运行高效。

网格化监管工作的重点和难点在基层，具体组织实施也在基层。按照行政区划和事权划分、条块结合、以块为主，确定建立安全监管县、乡、村三级网格。一级网格：在县（市、区）政府领导下，各县（市、区）安委成员单位，负责本级网格的建设和管理工作，并对辖区内下级网格化监管工作进行指导和督促。各县（市、区）安全生产监督管理部门负责辖区内安全许可有关工作，制订年度日常监督检查计划；落实辖区内生产经营日常监督检查工作职责；开展安全专项整治行动，查处安全违法案件；负责开展对一般安全事故的调查处置工作。二级网格：在乡镇人民政府（街道办事处）的领导下，乡镇人民政府（街道办事处）安委办负责本级网格的建设和管理工作，指导督促村（社区）网格化监管工作。承办县级安全监管机构交办的有关行政审批事项的现场核查或者初审工作，协助做好审评与认证、应急处置、专项整治等工作，承担档案管理、日常巡查、隐患排查、整改核实、信息报告、政策法规宣传和科普培训教育等具体工作。三级网格：各村（社区）委员会在上级网格指导下，通过设立安全协管员，承担辖区内安全协助执法、隐患排查、备案管理、信息报告、政策法规宣传、群众意见收集上报和反馈等工作任务。

二、完善网格功能

网络化功能环节主要有：一是基础数据。主要是通过网格员对辖区范围内的人、地、事、物、组织五大要素进行全面的信息采集管理，收集与安全相关的各种信息。二是统计分析平台。主要是对于基础数据中的各类数据信息进行智能化汇总和分析，制成数字和图形报表。三是考核评比平台。主要是上级对下一级事件办理时限或者绩效的一个考核管理。考核内容主要是检查率、整改率、建议率及办事效率等指标。考核是系统的重要内容，是长效机制的重要手段，需要根据实际的情况详细地制定，形成事事有考核、人人有考核。健全运行机制，加强安全网格化监管机制建设，制定网格责任图，细化工作流程，编制政务手册，进一步建立健全协作配合、培训教育、信息互通、督察考核、责任追究、AB角互补等各项制度，规范网格化工作，着力推动食品安全监管工作向程序化、痕迹化和常态化发展，全面提升安全监管工作水平。

三、做到四个细化

一是细化监管区域与监管企业。首先，要按照执法全覆盖、监管无盲点的管理要求，细化监管区域。对本行政区域应按镇村划定若干单元网格，明确责任单位和监管人员，实行封闭式环境监管。其次，要按把握重点、突出效能的监管原则，细化监管企业。根据划定的单元网格，摸清重点监管对象底数，在公平合理的前提下，定岗定位。二是细化监管任务。根据《安全生产法》等法律和政策规定，细化监管人员的工作任务和监管职责。具体包括按规定完成现场安全监管频次，督促消除安全隐患，及时调查处理信访纠纷案件等工作。三是细化安全监管制度。实行差别化管理，根据监管对象安全隐患程度等情况，实行分类、分级监管，对重点对象应加大监管频次，强化监管力度。四是实行动态监管制度。对辖区内所有监管对象建立安全台账，实行动态监管，定期更新。对重点对象、重点区域重点环节、重点隐患实行动态监管。

第四章 安全生产责任追究基本理论

第一节 责任的基本内涵

一、责任的概念

(一) 责任含义

根据《汉语大词典》，"责任"有三个意思：其一，使人担当起某种职务和职责；其二，分内应做之事；其三，做不好分内应做之事，因而应承担的过失。通过语义分析，这里的"责任"有三层含义。第一层含义是分内应做之事，对应于职责和义务。它说明责任与责任主体的社会角色是紧密联系的，种种社会规范要求社会成员应有与自己的社会角色相适应的履职行为，使社会对责任主体的行为预期产生积极意义上的责任。第二层含义是因不履行所负义务而应承担的不利后果。它说明社会对行为不符合社会规范的成员所给予的谴责和制裁，反映社会对其成员不履行或没有履行好积极意义上的责任进行的处置，是社会成员因为没有做好分内之事而产生的，属于消极意义上的责任。

第一层含义是第二层含义的基础，只有首先界定了第一层含义，才有可能界定第二层含义。当然，这两层含义的背后还包含着第三层含义——评价因素，即两个层次之间的中间环节，由它来对责任主体是否做好了分内之事以及没有做好分内之事时应该受到何种处置进行评价。这个评价体现在两个方面：社会及社会成员对责任主体的评价，即社会评价和责任主体的自我评价。社会评价反映了他人或社会对责任主体行为的理解和认识，因为社会成员的行为对他人和社会产生影响必然要受到他人或社会的审查和评价。自我评价反映了责任主体对他人、集体、社会赋予自己的职责的理解和认识，责任主体只有正确认识到某事是自己应当做的和应当做的程度，即认识到自己的责任，才能自觉主动地去做。当他没有履行应尽的责任时，才能真正接受社会给予的合理处置。

这三层含义都与责任主体的社会角色相关。在社会中的角色不一样，责任主体的分内之事，评价的标准、应受的处置就不一样，责任的具体内涵也就有所区别。换言之，责任主体的社会角色不同，适用的社会规范就不同，而社会规范的层次及其调整社会关系的范围、对象、手段不同，责任的性质也就有差异，如法律责任、行政责任、道德责任等。

（二）责任的内涵具有复杂性和多层次性

不同的学科赋予了责任不同的含义。从伦理学上看，责任等同于义务，是指责任主体因其角色、身份或地位而负有"分内之事"，即有义务去做或者要去做某些事情的义务。如果责任主体本可以采取另外的行动却没有采取，那就是有责任的，因此会受到社会的责备。从法学上看，责任通常是指主体因违反法律规定而应承担的否定性后果。这里的责任要与某种后果联系在一起的，承担后果是责任的逻辑结果，其责任往往就是承担后果的同义词。在我国家权力是人民赋予并由法律规定的。责任主体要依法运用这种权力来为人民办事，并对权力运作的结果承担相应的责任。这种权责关系和制度安排，既是现代民主政治的重要特点，也是在民主政治框架下调控权力运作的重要机制。

在我国当下的语境中，责任通常指应该做好自己分内的事，并为自己失职的行为承担后果，接受谴责和惩罚。通俗的表述即指人们应当对自己的行为负责。围绕责任构建的责任机制是新时代中国社会管理的一种关键的制度装置，它既是一种强化、保障和控制机制，也是一种调解和纠错机制。这种责任机制是自动实施的，即一定的行为表现要对应一定的责任后果，并且具有一定的对等性。且发生某种类型的行为，就要附加以事先设定的对等后果，或是正面肯定，或是负面制裁。不能导致结果的责任机制是没有现实意义的。

由于"责任"有多重含义，责任的实现也包括多个方面。其中，就积极意义上的责任而言，它的实现有赖于责任主体对自己责任的认识和对自己行为的控制，如果认识正确、行为得当的话，责任主体就能成功地履行自己的责任。这是最理想的责任实现方式。就消极意义上的责任而言，它的实现依靠社会的评价和社会采取的处置措施，是社会对责任主体偏离社会规范的惩罚和制裁。这种责任实现方式虽然不是最理想的，却是社会秩序所必需的，因为社会秩序是靠社会规范来维持的，对偏离社会规范的行为不予以追究，社会规范就会失去效力基础。

二、责任的根据

（一）道义责任论和社会责任论

1. 道义责任论

道义责任论是从廉德的道义报应论中引申出来的责任理论，它以道义非难为责任的根据，以意志自由为其哲学基础，这里的道义非难是指基于伦理的立场，对于责任主体主观心理的否定性评价。它关注的是责任主体主观上的可归责性，并将这种可归责性建立在责任主体的主观心理之上，即责任主体在具有责任能力的情况下，在故意或过失的支配下实施违法或犯罪行为。

2. 社会责任论

社会责任论是建立在否定意志自由的行为决定论的哲学基础之上的，它在归责性上做出了与道义责任论完全对立的论证。行为决定论否认了对责任主体道义非难的可能性，而只以防卫社会的名义作出处罚。它把道义的非难变成社会的非难，其实质是一种社会处置措施。

3. 道义责任论和社会责任论的联系——意志自由

道义责任论与社会责任论之争涉及对人的意志自由是否承认的问题。从存在论意义上说，意志自由是指意志是否存在原因，是在自由与必然的意义上界定意志自由。从价值论意义上说，意志自由是指意志是否可能支配人的行为，是在自由和责任的意义上界定意志自由。显然，从存在论上说，意志自由是不存在的；从价值论上说，意志自由是存在的，因为人具有选择能力，并对其行为后果应当承担责任。说到底，责任的问题主要是一个价值论的问题。讨论责任的时候，意志自由是要承认的。否定意志自由，无异于推翻责任的概念。因为责任是建立在意志自由基础之上的，没有意志自由，也就无所谓责任。在现实生活中，意志自由不是绝对的而是相对的，这种相对的意志自由为责任提供了根据。

（二）责任的根据

1. 责任的根据的内涵

所谓责任的根据，从责任主体方面说，实际上是指承担消极方面的责任根据，它回答了责任主体基于何种理由承担消极方面的责任问题；从国家方面说，是追究责任的根据，它回答了国家基于何种理由追究责任主体的消极方面的责任问题。讨论责任的根据，不仅仅是为了说明责任与履职之间的基本关系，而是要具体说明责任主体应否负消极方面的责任，以及负多大消极方面的责任的基础和依据，归根到底是要说明行为构成责任追究的基础和依据。责任的根据存在着质与量的根据问题。所谓质的根据，是回答责任主体应否负消极方面的责任的问题；所谓量的根据,是回答责任主体负多大消极方面的责任的前提下,才能进一步研究责任主体应负多大消极方面的责任的问题。可见,责任的根据也是质与量上的一个统一体。

2. 责任的根据多层次多方面的

不能只在某一个固定面上去寻找责任的根据,应当从追究责任时所依据的各种要素及其实质内涵来探求责任的根据。责任主体的行为性质是责任的前提,没有行为就没有违法乱纪,就不能追究责任。这表明追究责任首先要有事实存在,但仅有事实并不能构成违法乱纪。只有事实与法律或政策规定的责任特征相符合,才能追究责任主体的责任。责任根据的多方面性表现在,它既有实质根据,又有法律政策根据与事实根据。

3. 责任的根据的分类

(1) 社会危害性,它是责任的实质根据。某种行为之所以有责任,从实质上说是因为它具有社会危害性。

(2) 责任的法律或政策根据,它明确规定了构成各种责任要具备的要件。如生产安全事故责任追究的法律或政策根据主要有三种。①纪律处分,如《安全生产领域违法违纪行为政纪处分暂行规定》。②行政处罚,根据是《安全生产监管监察职责和行政执法责任追究的规定》和《安全生产违法行为行政处罚办法》。③刑事追究,根据是刑法。

(3) 责任的事实根据,它主要指的是符合责任构成的行为。这种行为的社会危害性必然已达到了应当承担消极意义上的责任程度。

上述三种根据是统一的,凡是符合责任构成的行为即事实根据,也就具备了责任的实质根据与法律根据。就应否追究责任而言,行为符合责任构成是应当追究责任主体责任的唯一根据,由于除了上述根据以外再没有其他根据。

4. 责任的大小

责任有大小之分,应当负责任还不能完全说明应负多大的责任。行为符合责任构成对于解决责任的大小来说,只是主要根据,而不是唯一根据。因为影响责任大小的因素,除了责任构成的因素以外,还有其他因素,如主动认错纠错等。而社会危害程度主要由符合责任构成的行为来决定,只有对行为的社会危害性及其程度具有决定意义而为该行为予以责任追究所必需的那些事实特征,才是责任构成的要件。此外,责任构成之外的事实也影响责任的程度。凡是能说明行为的社会危害性的事实,都是影响责任程度的因素。因为责任构成以外的、影响责任程度的因素太多,现有的法律或政策只能对常见的、主要的因素进行规定,不可能全部作出具体规定。

三、责任的基础

（一）责任的基础是指责任作为一种评价所指向的客体

在这个问题上，存在着行为责任论、性格责任论和人格责任论之争。行为责任论认为评价的基础是个别行为；性格责任论评价的基础是责任主体的危险性格；人格责任论是以上两种说法的折中论调，认为责任应该是行为责任，要以责任主体的现实行为为基础，人格受素质和环境的影响并统管着责任主体的主观性努力。行为责任论以个别行为作为责任的基础，将行为和责任主体割裂开来，孤立的评价行为，不妥当；性格责任论以责任主体的危险性为责任的基础，使性格独立于行为而存在，可能造成责任的泛化；人格责任论以行为责任为前提，同时在个别行为背后揭示人格对于行为的影响。可见，人格责任论被认为更接近科学。

（二）责任的逻辑基础是对责任产生和存在的理解与认识。

责任是一种与生俱来的使命，它伴随着每个生命的始终，从出身到离开这个世界，人们每时每刻都要承担自己的责任，对家庭的责任、对工作的责任、对社会的责任。

在界定责任的基本内涵时，是把责任与公共权力联系在一起的。尽管现在还没有把所有公共权利的行使者界定在责任主体的范围之内，但责任主体大多是公共权利的行使者。从这个意义上说，对责任的理解与认识取决于对公共权力的理解与认识。

（三）责任是对公共权力的一种期盼

积极意义上的责任，即责任主体的分内应做之事，实质上是对公共权利的期盼。任何责任都会或多或少，或直接或间接地涉及这一问题。对公共权利的起源、归宿及目的认识不同，对责任主体分内之事的理解就会不同，对积极意义的责任的内容理解就会有差异。这就意味着对于一般公民而言，特别是在现代民主政治情况下，公民之所以服从公共权力是建立在公共权力能够满足他们的期盼的基础上的。

（四）责任的主体作为关系到政策的走向和权力的行驶方向

责任的主体作为公共权力行使者中决定整个政策倾向和权力行使方向的最重要部分，他们对公共权利的行使和公民对其行使公共权力的感受直接关系到公民对公共权力的主体服从心态，也关系到公共权利的合法性。因此，只有责任主体很好地履行积极意义的责任，才能赢得公民真实持久的服从，只有责任主体没有履行好积极意义的责任时，有相应的机制迫使其承担消极意义的责任，才能赢得公民对作为权力运作规则的认同。

（五）责任是对公共权力的一种质疑

如果责任主体都能自觉并有能力履行积极意义的责任，就不必承担消极意义的责任。但从实践的层面看，公共权力并不是抽象的，总是由具体的责任主体来行使的，即使是现代民主也是如此。而公共权力的公共性和公共权力行使者的私人性之间就会存在着矛盾，现实权力都会存在着作恶的可能性，这就要求对公共权利的行使者即责任主体进行控制和约束。责任就是这种控制和约束的方式。如果权力没有作恶的可能性，就不需要消极意义的责任存在。

（六）权力是具有双重性的

一方面，人类社会需要有一个公共权力维持秩序；另一方面，这种公共权力又有失去控制、危害社会的可能。权力维持社会秩序表明权力是社会的需要，而权力难以控制则表明权力存在异化。由于权力存在着异化的可能性，人们不得不对权力产生怀疑。公共权利的负面作用要求对其进行防范，使之对社会的发展起正面的推动作用。

四、责任的结构

（一）责任的结构是指责任的要素及这些要素的一种内在排列

在责任结构问题上，目前主要存在着心理责任论和规范责任论。心理责任论把责任理解为责任主体的心理关系。根据这种心理关系，把责任形式分为：现实中以"对违法事实有认识并且是有意去做"为要素的故意，与以对这种认识和有意去做的可能性为要素的过失。如果除有责任能力外又具备这种故意或过失，便可能追究责任主体的责任。心理责任论最关注的是心理事实，将责任分为故意与过失的两种概念。规范责任论认为，责任并不是对结果的认识或认识可能性这种心理事实本身，而是心理事实与规范评价的统一。

（二）责任的本质是从规范的角度对心理事实加以非难的可能性

责任非难的根据是责任主体违反了不该做出违法行为决定的法律或政策规范的要求。根据规范责任论的观点，即使存在违反义务的表现，也不能因此就断定责任的存在，法律对于不可能的事情是无所指责的。因此，对于应该按照义务做出决定却未做出这样决定的，可以施加责任非难。然而在具体情况下，可以期盼责任主体实施合法的行为，这就是所谓的期盼可能性。从规范责任论的观点来看，期盼可能性就是决定责任界限的要素，又称为责任的规范要素。与作为心理要素的故意和过失相对立。这样，根据规范责任论的观点，责任就是作为心理要素的故意和过失与作为规范要素的期盼可能性的结合。如果没有故意或过失，也没有期盼可能性，因而也就不存在责任。当然，就是具备故意或过失，但没有其他可能性，也不存在责任。可见，期盼可能性是规范责任论的中心概念。

（三）规范责任论是在心理事实的基础上引入规范评价因素

从责任的结构上来说，规范责任论形成了责任能力、故意与过失等责任要素构成的责任结构。在这一结构中，故意与过失均是责任的故意与过失，而与构成要件的故意与过失相区别。构成要件的故意与过失是心理事实，而责任的故意与过失则是故意与过失形成的谴责可能性。规范责任论是为可取，但作为构成要件的故意与过失和责任的故意与过失不能加以分离。因此，责任包含以下要素：一是责任能力，这是归责前提，这里更强调的是责任主体的职权，法律或政策赋予责任主体行为的权力；二是故意或过失，即罪过，它是责任的主要内容；三是目的与动机等附随状况。

（四）责任内涵的结构

1. 积极意义的责任与消极意义的责任要有机结合

在界定责任的基本内涵时，可以把积极意义的责任实现称为履行，把消极意义的责任实现称为承担，两者是紧密结合的。不设定积极意义的责任，就无法确定消极意义的责任；没有消极意义的责任或者消极意义的责任得不到实现，责任主体就不可能很好地履行积极意义的责任。尽管责任主体自觉履行积极意义的责任是责任得以实现的最理想方式，但问题在于如果责任主体没有履行积极意义的责任，还要让他承担消极意义的责任。只有积极意义的责任的实现和消极意义的责任的有机结合，让所有责任主体承担起消极意义的责任，才可能成为现代民主所要求的责任使命。

因此，在衡量责任主体是否负责任或者说责任是否得到完全实现时，需要从两个方面来考察：一方面，责任主体对积极意义的责任的履行是否符合评价者的利益和意志；另一方面，责任主体没有履行积极意义的责任时是否按照评价者的要求承担消极意义的责任。如果责任主体很好地履行了积极意义的责任，也就可以说积极意义的责任得到了实现，符合责任的要求；如果责任主体没有履行积极意义的责任，但相应地承担消极意义的责任，虽然积极意义的责任没有得到实现，但是消极意义的责任得到了实现，仍然符合责任的要求。

2. 要把握积极意义的责任和消极意义的责任之间的中间环节

积极意义的责任与消极意义的责任的结合需要一个中间环节，即由谁来确定积极意义的责任的内容和范围，由谁来判定积极意义的责任是否得到完全地履行，是否应该承担消极意义的责任。

谁评价、谁追究就意味着对谁负责。在民主政权下，人民是公共权利的所有者，公共权利的行使者要直接或间接地对人民负责，积极意义的责任的内容和范围直接或间接地由人民来确定。是否承担消极意义的责任直接或间接地由人民来评价，如何承担消极意义的责任也直接或间接地由人民来决定。

因此，这个中间环节的任务由谁来承担十分重要，它决定着责任的指向，也决定着责任是否能够真正实现。一方面，它决定着责任的指向。中间环节的任务由谁来完成，或者说中间环节的权力由谁来行使，责任主体是否履行了积极意义的责任，是否应该承担以及如何承担消极意义的责任由谁来评价、决定，意味着责任主体对谁负责。民主政权的要义在于权力在民，权力要按人民意志运行。只有直接或间接地由人民来行使中间环节的权力，责任主体对人民负责，才符合民主政权的要求。另一方面，它决定着责任是否能够真正得到实现。积极履行积极意义的责任，在没有履行积极意义的责任时承担消极意义的责任。

总之，责任的结构是一个完整的有机结合体，不能忽视其中任何一个环节，否则就不是新时代所要求的责任。

第二节　安全生产责任追究的特征

安全生产责任追究是对不履行法定安全监管义务或未承担相应安全主体责任的责任主体实施定向追究的一种事后监督。它的根本目的是对行政单位或生产经营单位等违法或失范行为的监督和预防，保护劳动者在生产中的安全与健康，促进社会经济的协调发展。主要手段包括各种形式的行政、司法及民事责任的追究。

关于什么是安全生产责任追究制（以下简称追责制），在我国目前的法律法规中还没有统一的解释，国家层面的文件也没有界定这一概念，各地人民政府出台的关于安全生产责任追究的办法中关于追究的概念也各呈千秋。在学术界，目前也尚未达成共识，主要的分歧在于对其后果的理解上，有的将之等同于法律责任或政治责任，也有的理解为道义责任，还有的将之说成是上述三种责任的统一。但笔者更倾向于将之理解为道义责任、政治责任、行政责任以及法律责任的责任体系。追责乃是追究分内应做之事，追责制是一种责任追究制度，安全生产追责制就是指特定的追责主体针对责任主体承担的安全职责和义务的履行情况而实施的，并要求其承担否定性后果的一种责任追究制度。

一、安全生产责任追究的内涵

（一）追责制的主体多元化

追责制是同体追责和异体追责的双胞结合体。所谓同体追责是指行政系统内部上级机关对下级机关及其公务员的追责；所谓异体追责即是指行政系统之外的其他追责主体对政府及其公务员的追责。目前，我国应加大民众等的追责力度，使行政追责制真正落到实处。安全生产责任追究相比其他领域来说，异体追责虽然有所进步，但依然有需要改进和完善的地方，有待进一步研究与实践。

（二）追责制的客体

追责制的客体主要是各级政府、负有直接或间接领导责任的各级行政首长，及各职能部门的领导和公务员。从这个意义上说，追责制赖以建立的逻辑基础乃是我国长期以来就一直沿用的首长负责制。这要求行政首长拥有指挥命令和监督下级的权力，他要对自己职责范围内的过失承担责任。

目前，需要做的是要尽快建立科学、完善的公务员职位分类体系，让公务员切实履行其职责、承担责任。

（三）追责制的内容

追责制的内容包括滥用或误用公共权力等失职行为，以及未利用公共权力为社会做好安全监管等行为。不仅要对发生的重大责任事故追责，而且要对做出的错误决策追责；不仅要对滥用职权的行为追责，而且要对故意推诿扯皮等不作为追责；不仅要对犯了错违了法的行为追责，而且要对有损"同体"的小节、小错追责。总之，从管理不善、领导不力到决策失误、重大责任事故等都属于追责制的范围。从根本上迅速矫正被扭曲的工作生态。

（四）追责制的后果是一个责任体系

追责制的后果是一个责任体系，即接受追责的责任主体要承担四个不同层面的责任：一是向受害者和公众承担道义责任；二是向相关行政部门承担政治责任；三是向上级行政机关承担行政责任；四是由于渎职、失职根据相关法律规定承担法律责任。目前，我国安全生产追责制主要追究的是行政干部的行政责任和生产经营单位的法律责任。

二、安全生产责任追究制的主要特征

（一）责任主体的明确性

1. 政府

政府是安全生产工作的领导责任主体，在安全生产上负有总体责任。《安全生产法》第八条规定，国务院和地方各级人民政府应当加强对安全生产工作的领导，也就是要求各级政府要依法履行自己在安全生产工作上所应履行的职责，对所辖行政区域的安全生产工作负责。在实际工作中，不少地方也将行政村、居委会等自治组织作为一个领导责任主体，实现了安全生产领导工作及有关职能向基层的延伸，形成了一个较为健全的安全生产工作网络，这符合安全生产工作规律及特点的要求。

2. 部门

部门是指行政机关部门或机构，这是安全生产工作的监管责任主体，依照《安全生产法》第九条规定，各级政府各个负有安全生产监管职责的部门或机构在各自的职责范围内对有关的安全生产工作实施监督管理，主要是在自己监管的职责范围内，代表政府对安全生产工作进行研究部署、组织实施、检查督促和抓好落实，履行和落实自己应负的责任。

3. 生产经营单位

生产经营单位是安全生产最主要最直接最基本的责任主体，而在生产经营单位主要负责人、相关负责人、各部门以及从业人员等实际上又是一个个具体的主体，生产经营单位要严格依照《安全生产法》等有关法律法规规定，认真落实安全生产保障措施，加强内部管理，改善工作基础，切实搞好安全生产各项工作，并对自身的安全生产工作负有最主要最直接和最基本的责任。

（二）责任内容的强制性

内容的强制性就在于不同层次责任主体在安全生产工作中的责任范围、责任内容、责任要求具体化、明确化，并以一定的形式加以确认，这种责任一旦确认后，对于有关的主体来说具有一定的强制性。通常，安全生产责任制内容的强制性主要来自三个方面。

1. 法律法规及有关政策对于相关安全生产主体责任的强制性规定

对于有关主体来说，是要全面加以履行的法定义务，是强制性的，而不是选择性的，不履行法定的义务、不落实法律法规及政策所要求的工作要负相应的责任。

2. 来源于与安全生产工作有关的相关岗位的限定或规定

也就是工作岗位的权利与责任具有对称性，有权必有责，权责必相称，也不管是领导或是从业人员，都要对自己所从事的工作或岗位负相应的安全生产责任。这是因为安全并不是一项可以分离的独立工作，它融合、依存于整个社会、生产经营单位及个人所从事的社会经济、生产经营及个人的具体作业过程之中，只有当所有的主体都严格按照安全生产法律法规规章及规程的要求做好自己该做的，安全才有保证。

3. 来源于某种工作或某项活动的收益与风险所存在的正相关关系

也就是要获得一定的收益，就要承担相应的风险，承担风险的形式既表现为各种主体要承担的各种责任，也表现为控制这种风险所要采取的措施、开展的工作和支付的代价，这在生产经营单位表现得尤为明显。

（三）追责运行的规范性

1. 运行环节的规范性

安全生产责任追究制运行的环节主要包括责任的设定、分解、传导、检查与落实，也就是说安全生产各种主体通常能依法依规或工作要求，逐项推进、逐项落实。

2. 责任内容的规范性

即将安全生产责任的内容具体化，明确目标、工作重点、工作要求及相应的保障措施等，并以一定的形式、格式加以确定。

3. 责任考评规范性

对于安全生产责任的落实情况可以进行规范的考评，就是通过建立责任制落实情况考评制度，研究制定全面、科学、合理的考评指标体系及考评标准，对各级各部门及有关单位落实安全生产责任制的情况进行客观、公正的评价。

（四）追究结果的约束性

安全生产责任追究结果对于相关主体来说具有约束性，具有较强的压力，在一定的程度上影响他们业绩的考核与评价。安全生产责任追究制的约束性主要通过两个方面来体现：一是通过一定的方式渠道对各级各有关部门、有关单位落实安全生产责任的情况存在问题进行通报或公布，让有关方面对相关主体落实责任的情况进行评议、监督。二是落实安全生产责任的奖罚，即通过制定安全生产责任落实情况奖罚规定，明确各层次责任主体可能得到的奖励类型、奖励档次、奖励形式或可能承担的责任类型、责任档次、责任形式，对责任制落实好的部门、单位给予相关的奖励，对责任制不落实、落实不到位，或由此而造成生产安全责任事故的，要进行相关的责任追究。

第三节　安全生产责任追究的价值意义

一、安全生产责任追究的价值理念

（一）基本价值理念是对人民负责，构建安全社会

安全生产责任追责的正当性或本质依据在于"权为民所用"。根据人民主权原则，国家权力的本源在于人民。但人民是一种逻辑上的抽象概念，不可能真正行使公共权利，因而有必要将应当由自己行使的权力通过政治委托的方式授予特定的主体——政府及其公务员，并与之形成授权与被授权的关系。因此，政府及其公务员要处于人民的监督之下，一切政策和行为也要以人民的意志为归属。即以人民为中心，对人民负责。

追责制作为一种控制行政权力滥用和扩张的民主诉求和制度，其产生便是这种理念的逻辑结果。我国宪法第二条明确规定："中华人民共和国的一切权力属于人民。"人民是公共权利的所有者，而政府是受人民委托执掌公共权力的机构，公务员则是受人民委托行使公共权力的人员。虽然政府及其公务员掌握并行使公共权利，但其职权并不是其自身拥有和决定的，而是通过民主和法律的程序被授予的，他们只能按照权力的所有者即人民的意志以及法律规定的权限范围忠实地履行自己的职责和义务。所以，要使政府及其公务员的各项职责和义务真正落到实处，要建立追责制度。

（二）核心价值理念是承担责任，强化履职

权力和责任是社会系统中两个基本的概念。承担责任是安全监管者应具备的首要品质。对于安全监管者来说，责任是第一位的，权力是第二位的。权力是尽责的手段，责任才是其真正属性。只有对民众负责且权力受到限制并且其行使的每一项权力背后都连带着一份责任，在其真正履行责任时才是合理与合法的。安全生产追责制秉承"有权必有责，用权受监督，侵权要赔偿"的理念，突出了安全管理中权力与责任之间的一致性，其实质在于强化安全监管者的担当精神与履职本领。

（三）直接价值理念是控制后果

安全生产监管最直接的目的在于控制后果，即防止产生安全事件尤其是重特大安全事故，使生产经营单位处于良好的安全状态。而安全事件或事故会产生严

重的社会后果。事故开始于危险的激化,并以一系列原因事件按一定的逻辑顺序流经系统而造成的损失,即造成人员伤害、职业病或设备设施等财产损失和其他损失的意外事件。其后果不仅是造成生产经营单位的种种损失,还会给家庭及社会带来严重影响。通过追责,能够有效地落实安全生产监管责任,从而防止或减少安全事件或事故的发生,控制后果和影响。

二、完善安全生产追责制的实践意义

(一)追责制有利于推动责任政府的建设

安全生产追责则是建设责任政府的重要环节,它所蕴含的理念对在安全生产监管领域的正本清源、廉洁监管、高效监管等有着十分重要的价值。

"责任政府"民主政治的基本价值理念,民主政府不仅要求政府是有限政府、高效政府、服务型政府,而且是责任政府。责任政府要能够迅速、有效地回应社会和民众的基本要求,并积极采取行动加以满足。根据民主政治发展的要求,一个负责任的政府要做到:在行使职责过程中,要对自己的所有行为都有所交代,要及时向公众解释清楚自己这么做的理由是什么;在完成职责后,如出现差错或损失,要自觉承担道义上的、政治上的、行政上的、法律上的责任;然后还要在应负的各种责任中选择正确的责任承担形式,做到罚当其责。据此,通过构建合理的安全生产追责制,及时追究责任主体应当承担的责任,约束和激励监管主体的行为,促使责任主体能够合法、正当地行使手中的权力,不断提高安全管理水平。

(二)追责制有利于推动安全生产领域的改革

建立安全生产责任追究制度能够推动我国安全生产领域的变革。实行追责制是现代社会管理不可缺少的制度,代表着社会发展的趋势,也是我国行政体制改革的一个重要目标。但实行这一制度应具备的一个前提是,政府部门主体权力边界与职责清晰,所以,实行追责制,就要进一步理顺安全生产监管体系内的结构关系,以充分体现其体系的内在关联性和统一性。

(三)追责制还有助于形成新的监管文化和监管生态

追责制所体现的是行政学中的责任监管理念和公共责任理念,从这个意义上说,它既是一种监管制度,又体现为一种监管文化。监管文化的核心是监管的价值取向。对社会安全始终保持高度负责的自觉性,应该是我国安全生产监管文化的根本性的一种价值取向。

追责制的强化和完善,将会在监管实践中极大增强责任重于泰山的价值取向,形成与之相应的新的监管文化和监管生态,从监管意识形成的层面有力地促进当前安全生产责任制的建设。每一个监管主体都需要道德的软约束,同时也需要诸

如纪律、制度、法规的硬约束。

从某种意义上说，追责的制度设计和安排，就是为了纯洁和优化监管队伍，提高监管人员的素质。追责制能对那些失职或不认真履职的人员，对违纪违法、滥用权力、以权谋私的人员，对无所事事、大错误不犯小错误不断的人员起到很好的约束作用，从制度上遏制和减少追责对象的产生，从而有利于提高监管人员的整体素质。

追责制既是一种监管制度，又体现为一种监管理念。要求监管人员对社会安全始终保持高度负责的自觉性，有助于监管队伍形成自觉负责的监管理念。建立安全生产责任追究制度，能够唤醒公众的权利意识和执法主体的责任意识，使安全监管机制走上良性运行的轨道。

（四）追责制有助于抑制安全监管不作为或乱作为的现象

安全监管不作为是监管者负有应当作为的义务但在程序上却没有作为，是背弃安全职能的作为，是权力与责任严重脱节的表现。安全监管乱作为，主要指的是某些安全监管者在监管过程中构成的违法、失当等现象。对不作为或乱作为的有关安全监管者给予相应的追责，不仅仅是为了纠正错误，而且是为了从制度上建立起追责的机制，从而对监管主体的不作为或乱作为起到一个很好的抑制作用。

（五）追责制有利于维护安全秩序推动安全发展

安全秩序是社会存在与发展的必要条件，也是每个社会成员生存与生活的必要前提。随着经济的发展，现代社会关系和生活发生了深刻变化。社会经济成分、组织形式、就业方式、利益关系和分配方式日益多样化，安全问题更趋复杂化。如果对安全问题处置有重大过错的行为不实施责任追究，必将导致对维护安全秩序的公共职责的忽视和放弃，必将影响我国安全发展战略的实施。

第四节　安全生产责任追究的原则

一、权责一致原则

（一）权责一致原则体现了权利和义务之间的辩证统一关系

1. 行使职权要以履行职责为核心

而在职与责上，职责是第一位的，职权是第二位的。

2. 职权与职责是不可分割的

权力与责任之间是一种相伴相生的关系，有权就有责。既不存在无责任的权力，也不存在无权力的责任。

3. 职权与职责是相对应的

权力与责任之间是一种正比例关系，权力越大，责任越重；权力越小，责任越轻。因此，权力与责任应当保持均衡，权力大于责任会导致行政权力的滥用，反之，责任大于权力则会影响职责的履行。

（二）权责对等原则的内涵

1. 管理者拥有的权力与其承担的责任应该对等

不能拥有权力，而不履行其职责；也不能只要求管理者承担责任而不予以授权。

2. 向管理者授权是为其履行职责所提供的必要条件

合理授权是贯彻权责对等原则的一个重要方面，要根据管理者所承担的责任大小授予其相应权力。

3. 正确地选人、用人

上级要委派恰当的人去担任某个职务和某项工作。人和职位一定要相称。

4. 严格监督、检查

上级对管理者运用权力和履行职责的情况要有严格的监督、检查，以便掌握管理者在任职期间的真实情况。

二、责任法定原则

（一）责任法定原则的内涵

责任法定原则，是指追究责任主体法律责任时，要由特定的国家机关在其法定权限内，依照法律规定的条件和程序予以确认和追究。根据这一原则，责任主体是否应当对其行为承担责任、承担什么样的责任、由谁来确认和追究、如何确定和追究等，都要由法律事先作出设定。法无明文规定不予处罚。

如《行政处罚法》规定："公民、法人或者其他组织违反行政管理秩序的行为，应该给予行政处罚的，依照本法由法律、法规或规章规定，并由行政机关依照本法规定的程序实施。依照法律定罪处刑，法律没有明文规定为犯罪行为的，不得定罪处刑。"

（二）责任法定原则的含义和要求

1. 责任是法定的

法律责任作为一种否定性后果，其责任形式、适用范围、性质及期限应当由法律规范预先设定，没有法定的依据不能随便予以追究。

2. 追责的主体和权限是法定的

认定和追究责任的权利是一种法律制裁权，应当由国家通过法律方式授予。只有获得法律授权的国家机关才能在授权范围内行使其追责权，其他机关、组织和个人都无权确认和追究行政机关及其工作人员的法律责任。

3. 追责的程序是法定的

为了保证追责的公正性，在认定和追究责任的过程中，要严格遵守法律规定的方式、步骤和时限，违反法定程序的追责是无效的。

三、过罚相当原则

过罚相当是指在追责活动中，应当根据责任主体的行为性质、过错大小、情节轻重以及社会危害程度来决定惩罚的种类，以防止和避免重责轻罚、轻责重罚以及当罚而不罚，不当罚而罚等现象的发生。

惩罚与过错相适应是法律和政策公正性的必然要求和具体体现，是衡量和评价惩戒合理性的一个重要标准。它强调的是：责任的性质与违法行为或违约行为的性质相适应、责任的种类和轻重与违法行为或违约行为的具体情节相适应、责任的轻重与种类与行为人的主观恶性相适应。

在追责实践中，只有坚持过罚相当原则，使责任主体心服口服，才能真正实现追责的目的。奖赏不能白白授给无功的人，处罚也不能胡乱施加于无过错的人。奖赏白白授给无功的人，有功劳的人就会因不服而埋怨；处罚胡乱施加于无过错的人，正直的人就会怨恨。这就要求赏罚要适当。否则，就会适得其反，难以达到预期的效果。

四、惩罚与教育相结合原则

惩罚与教育相结合是指设定和追究责任主体的法律、行政、政治及道德责任，既要体现对责任主体的惩罚和制裁，又要教育责任主体自觉守法，实现制裁与教育的双重功能。

责任追究是对做出违法及不当行为的单位和个人的惩罚，但是，惩罚并不是追责的唯一目的，而只是一种手段，追责的目的在于防患于未然，因为在做出实际惩处的时候，实际的危害已经发生，不能弥补或者挽回已造成的损失，追责只是为了维护整个社会的公平、正义的价值追求，以及法治政府的良好形象。

坚持惩罚与教育相结合原则，要防止两种错误倾向：一是防止将惩罚作为追责的目的，对责任主体的处罚过多、过滥。这样做，不仅不能收到预期的效果，反而会使责任主体产生抵触情绪，影响追责功能的正常发挥。二是防止以说服教育代替必要的处罚。单纯的说服教育，其作用是十分有限的，并不能代替行政处分或刑事制裁。惩罚和制裁本身就是一种教育形式，通过使责任主体承担某种不利后果，既可以教育本人，又可以教育他人，起到特殊教育和一般教育的作用。

五、追究责任与改进工作相结合原则

追究责任与改进工作相结合是指在追责过程中，既要依法依规追究责任主体的责任，使其对自己实施的违法或不当行为付出一定的代价，又要及时纠正监管中存在的薄弱环节和漏洞，有效地改进监管工作。根据责任产生的原因，责任主体的责任分为两种：一是违法或不当行使权力的责任；二是因不履行其法定职责而承担的不作为责任。

追责作为一种监督制约制度，其目的在于为权力套上责任的枷锁，促使监管者依法行政。这一原则是我国安全生产追责制的最大特色，在事故尤其是重特大事故发生后的责任追究，既追究了相关责任人，又全面整改达到了预防事故再发生的目的。这一原则有两方面的含义：一是对违法行为人要依法严肃处理，不能姑息迁就。二是要将改进工作贯穿于追责工作的始终，使追责立足于教育、挽救和防范。只有把追究责任与改进工作有机相结合起来，才能发挥追责的最大作用，实现追责的最终目的。

六、追究行政机关的责任与追究行政公务人员的责任相结合原则

追究行政机关的责任与追究行政公务人员的责任相结合，是指在责任的设定和追责活动中，既要追究作为行政主体的行政机关的责任，又要追究有过错的行

政公务人员的责任。根据责任主体的不同，可以将行政违法责任分为行政机关的责任和行政公务人员的责任。国家行政机关享有广泛的行政职权，同时也负有相应的行政职责。在行政管理的过程中，行政机关不仅要对自己违法行使行政职权或者不依法履行行政职责的行为负责，而且还要在一定范围和程度上对行政公务人员以及受其委托的组织和个人实施的违法行政行为的后果承担责任。在这种情况下，行政公务人员的违法或不当行政行为同时引发了两种责任，即行政公务人员个人的责任和其所属的行政机关的责任。

"责任自负"原则要求行政机关和行政公务人员各自承担自己的责任。一方面，行政机关应对其工作人员的职务行为承担责任；另一方面，行政公务人员自己也承担责任。也就是说，行政公务人员的责任不会因为行政机关承担了赔偿责任而消失，必须根据过错大小进行惩戒和行政追偿。

七、直接责任追究与间接责任追究相结合原则

直接责任追究与间接责任追究相结合，是指在追责实践中应当根据责任人与违法行为的关系，区别不同情况，分别追究其直接责任和间接责任。所谓直接责任，是指责任主体对自己实施的违法或不当行为以及所造成的后果承担责任，是责任人对自己的行为负责。所谓间接责任，是指责任主体对他人实施的违法或不当行为以及所造成的后果承担责任。也就是说，责任人自己并没有亲自实施违法或不当行政行为，实施该行为的是其下属或其他行为人。由于责任人与行为人具有某种特定的关系，同时也由于责任人在主观上具有过失。因此，在行为人承担直接责任的同时，责任人也应当承担一定的间接责任。

领导责任属于间接责任的一种，是担任领导职务的行政公务人员对其下属的违法或不当行为承担责任的责任形态。《党政领导干部辞职暂行规定》第三十条将领导责任分为"主要领导责任"和"重要领导责任"。所谓"主要领导责任，是指在其职责范围内对直接主管的工作不负责、不履行或者不正确履行职责，对造成的损失和影响负直接领导责任"；所谓"重要领导责任，是指在其职责范围内，对应管的工作或者参与决定的工作，不履行或者不正确履行职责，对造成的损失和影响负次要领导责任"。

八、公开、公平、公正原则

公开、公平、公正原则是进步和正义的道德观在法律和行政上的体现，对于弥补法律规定的不足具有重要意义。

公开原则强调的是透明度的问题。公开主要体现在两方面：一是依据公开。

追责作为行为规则，其指导和评价作用的前提是要为公众所知。凡是涉及对违法行为给予处罚的规定要公布，未公布的规范文件不能作为处罚依据。二是处罚公开。《行政处罚法》规定："行政机关在做出行政处罚决定之前，应当告知当事人做出行政处罚决定的事实、理由及依据，并告知当事人依法享有的权利。"这里的告知权利制度是指行政机关在做出行政处罚时应当告知当事人陈述、申辩、听证的权利，在作出处罚决定之后，还应告知其申请复议和提起诉讼的权利。

公平原则强调在追责面前人人平等，强调实质正义和实体正义，核心是平等。其基本要求是：追责主体应当本着公平的观念进行追责活动，正当行使追责权利和履行追责义务；兼顾他人利益和社会公共利益；追责时应当在依法的同时做到公平合理。

公正原则强调的则是形式正义和程序正义，核心是无私和中立。遵循公正原则要做到：同等情况相同处罚，即两个以上违法者在违法行为的事实背景、情节等方面完全相同，处罚结果一定相同；遵守公正的程序原则，法律规范规定处罚程序是为了实现结果的公正，因此行政机关实施行政处罚时应当遵守法定程序，允许当事人有陈述申辩的权利；行政处罚与违法行为相适应，即处罚轻重程度要与违法行为的性质、社会危害性的大小等保持均衡。

"公开、公平、公正"是一个相互联系，不可分割的统一整体。

九、程序权利保障原则

程序权利保障，是指认定和追究责任要通过一定的合法程序，保障当事人享有知情权、陈述权、申辩权和请求救济权。《中华人民共和国公务员法》中明确规定："对公务员的处分，应当事实清楚、证据确凿、定性准确、处理恰当、程序合法、手续完备。公务员违纪的，应当由处分决定机关决定对公务员违纪的情况进行调查，并将调查认定的事实及拟给予处分的依据告知公务员本人。公务员有权进行陈述和申辩。处分决定机关认为对公务员应当给予处分的，应当在规定的期限内，按照管理权限和规定的程序作出处分决定。处分决定应当以书面形式通知公务员本人。"

行政公务人员的程序权利贯穿行政问责的全过程。首先，有关国家机关在认定和追究责任时，应当认真听取当事人的陈述和申辩，并充分考虑其意见和要求；其次，责任人有权了解处罚的内容、事实依据和法律依据，并要求与本案有利害关系的人回避；再次，受处分的行政公务人员不仅可以向处分决定机关提出申诉和异议，而且还可以向上级行政机关申请行政复议、向司法机关提起行政诉讼以及请求国家赔偿。

十、责任不可替代原则

责任不可替代原则是指凡是实施了违法行为或违约行为的人，应当对自己的违法行为或违约行为负责，要独立承担法律责任。同时，没有法律规定不能让没有违法行为或违约行为的人承担法律责任，国家机关或其他社会组织不得没有法律依据，而追究与违法行为者或违约行为者虽有血缘等关系，而无违法行为或违约行为的人的责任，防止株连或变相株连。

责任不可替代原则的主要含义包括：一是行为人应该对自己的违法行为负责。二是不能让没有违法行为的人承担法律责任，即反对株连或变相株连。三是要保证责任人受到法律追究，无责任人受到法律保护。责任不可替代原则是责任追究中的一般原则，体现了现代法律的进步。当然，在某种特殊情况下，为了维护法律尊严，也产生责任转承问题。如上级对下级的行为承担替代责任等。因此，责任不可替代原则也不是绝对的，在某些特殊情况下，为了社会安全的需要，可能会产生责任的转移承担问题。

第五节 安全生产责任追究的基本形式

一、政治追责

政治责任是责任主体在履行应有的政治义务时所应承担的职责,它体现于现代民主政治在调节和控制作为善治前提的公权力合法化机制运行时的一整套制度安排之中。在这种公权力合法化机制的作用下,政治责任意味着责任主体对其自身合法性源泉即公共利益的确认和尊重;意味着对宪政体制下人民与作为人民代表的安全治理权威行使者之间的授权与被授权关系的确认和尊重。

合法化机制和授权与被授权关系的存在,决定了责任主体要为人民服务,对人民负责。安全政策制定的最终决定人和负责人是责任主体,从某种意义上来讲,安全政策决策过程的参与对责任主体以外的参与者而言是其权利,其参与行为是其意志、利益、要求的表达。责任主体对安全政策的制定过程就是对各种不同的意志、利益、要求的综合协调过程,综合协调的结果就是安全政策。而对于责任主体而言,寻求各种冲突者的意志、利益和要求的最佳平衡值,制定符合民意的安全政策,并推动这些安全政策能够得到贯彻执行,是其分内之事、应尽的义务责任,并非可完成也可不完成的任务,政治责任主体的所作所为要始终围绕这一目的,并且其行为始终是要以此目的为评价依据的。

政治追责强调责任主体要对来自外部的重要群体的质询意见给予回应。相对于其他三种问责,政治追责内容庞杂,主要包括两个方面:一方面是涉及责任主体自身利益的项目,责任主体希望行政部门予以解决;另一方面是针对责任主体的决策及行为提出的质疑,要求行政部门予以解答。

政治追责的复杂性主要是因为其判断标准取决于追责主体自身,另外,政治追责的主要问题是看当权者的言行是否一致,当权者对任务完成的状况。同时,还要看追责是否拥有足够的信息沟通渠道和有效的惩罚措施迫使责任主体给予责任解释和回应。

在政治追责关系中,追责对象清晰,一般为政务官和行政部门,而追责主体则较为复杂。从理论上说,建立在委托—代理原则上的现代政府,其所有的委托人都可以是政治追责主体,而从实践上看,除了政治团体外,政治追责主体常常是能够发挥社会影响的关键性的利害相关者。在社会系统视角下,利害相关者受不同利益的驱动,形成不同的利益团体,他们对安全生产的影响作用正受到越来越强烈的关注。同时,公众参与也是当前政治追责中的一个重要内容,它希望通过普通公民或市民社会组织以直接或间接的参与方式来推进行政追责。

主体与追责对象之间体现的是回应关系。政治追责体现的是外部实现机制,由于涉及庞杂的追责主体和追责内容,追责主体和追责对象之间一般没有直接的权责关系,因此,在安全生产中政治追责的实现程度比较低。已有的追责实践显示,不同内容的政治追责要通过相应的追责主体、追责对象和不同的追责机制去完成。

二、法律追责

法律责任是责任主体在建设、完善和维护安全生产良性发展中所应承担的对于法律体系的义务和职责,它也包括责任主体在行使行政权力时触犯法律所应承担的责任。

实现善治目标的社会从本质上来说也是一个法治社会。法治是达到善治的前提和保障,是善治的基石之一。法治原则和法治精神贯穿在以善治为理想的安全生产治理过程的自始至终和方方面面。法治强调法律面前人人平等,和生活在法治社会中的普通公民一样,所有安全生产的责任主体只是法治社会中普通的法律主体。如果说这些责任主体和其他社会治理主体相比显得特殊的话,也只是因为责任主体掌握着比其他治理主体多得多的公共资源和监管内容,更容易引起社会关注而已,因此承担着更多的法律义务,履行更重大的法律责任。

法律追责内容关注的是责任主体在安全生产工作中对法律法规的遵守情况。在法律追责关系中,追责对象和追责主体也非常清楚,法律行为主体构成了追责主体,责任主体是追责对象。法律追责中的追责对象和追责主体是两个独立体,体现的是义务关系。

法律追责是一种外部实现机制。政府部门绩效评估是法律追责的一般表现形式。法律追责主体依据的是法规条文,因此,法律追责内容详细明晰,具有很高的实现程度。但是,由于法律追责主体和法律追责对象之间所形成的义务关系决定了法律追责的实现机制,并不意味着法律追责主体可以直接对追责对象加以制裁,而只是提供了法律追责主体对行政部门的行为给予对或错的判定。

三、行政追责

行政责任是责任主体在具体的行政管理活动与行政系统的自组织和自身运作中所应履行的职责,以及责任主体对自身系统所应承担的义务。它包括两个方面:

一是责任主体在具体的行政管理活动中所应履行的职责，主要体现在责任主体能否积极履行其在经济建设和社会治理中的行政职能；二是责任主体在行政系统的自身组织和自身运作中所应履行的职责和责任主体对自身系统所应承担的义务。

一般说来，行政责任概念及其含义要说明四个基本问题：一是行政责任的主体或承担者，即哪些人需要担负这种性质的责任；二是行政责任的客体或对象，即责任者对哪些人或哪些实体及规范负责；三是行政责任的范围，即责任者需要承担哪些方面的相关责任；四是行政责任的事由，即责任者承担责任的逻辑和依据。

行政责任是民主政治的产物，是国家责任政治发展的产物。行政责任与刑事责任、民事责任不同，不只限于追究行为及其后果所导致的后果责任，而是具有更加丰富而广泛的政治、社会和道德内涵。

行政权力是行政机关及其行政人员开展公共行政活动的基础，是公共行政的本质要素，因而行政责任实际上也可以理解为基于行政权力的责任。行政权力本身并非一个有形的实体存在，而是具体体现于公共行政活动之中。

公共行政活动是行政权力的存在形式，所以行政责任即意味着公共行政的责任。从责任主体看，行政机关及其行政人员行使行政权力，是行政责任的承担者。从责任对象看，首先，行政权力的行使应对人民负责，对授权者负责；其次，行政权执行法律法规及公共政策，要担负法律责任和政治责任；再次，行政机关及其行政人员要对其上级机关或上级主管领导负责；最后，行政机关及其行政人员作为社会道德生活的重要行动者，要对远超法律明文规定范围的社会价值负责。所以，责任的对象包括了公众、立法机关、法律法规、社会价值和伦理道德等。

在结构性的层面上，行政责任实际上表明了行政机关及其行政人员的角色或功能，角色表明了其与其他社会行动者之间的关系，功能则界定了行政权力的限度和范围。

行政责任不仅仅是一种与行动结果有关的具体的实践形态，而更多地包含着诸多不同行动者之间的关系性质，这种关系的一方是掌握和行使行政权力的行政机关及其行政人员，一方则是包括公民、立法机关、社会团体以及某一行政机关或行政人员之外的其他行政机关或行政人员等在内的所有其他行动者。

行政权力不是虚无缥缈的，而是由具体的行政人员予以操作的能产生实际后果的能动性力量。所以，谈行政责任归根结底是谁掌握行政权力的人和机关应该对谁负责，以及应该如何负责任。在行政责任的视野中，谁对谁负责，显然并不是一个无关紧要的问题，它首先形成合法的权利与义务关系，即根据法理谁应该享有权利，谁要承担义务；其次，因为行使权力必然造成某些实际后果，形成特定的行为规范和社会秩序，形成经由行政权力运用而产生的资源配置关系，以及不同类型的资源流向格局；最后，有效的责任关系一旦制度化，就可以作为一种检查机制和评价机制，督促权力行使者谨慎地行使权力，防止权力的错误使用，最终提高效力运用的社会效益。

四、道德追责

道德责任是对责任主体道德觉悟和道德行为方面的要求，亦即是责任主体在行使权力时必须承担的道德意义上的责任，必须对超出法律明文规定的社会价值负责。

一个安全和谐的社会，除了大众都要遵守安全法律法规之外，还需要具有良好的安全道德，而且后者往往更为重要。社会公德、职业道德、家庭美德是社会主义道德的重要内容，它们与安全生产有着十分密切的关系。

（一）社会公德与安全生产

社会公德是由历史逐渐形成的人类社会的公共道德，是人们共同遵守的行为准则。安全生产的宗旨就是为了提高人们的生产、生活、生存质量，与社会公德的要求是一致的。例如，控制和减少各类事故的发生，消除各类事故隐患，努力提高人们的安全文化素质。既是安全工作所需的，也完全符合社会公共道德准则，那种违章指挥、违章作业、违反劳动纪律的行为和现象，直接与安全生产的要求相悖。

（二）职业道德与安全生产

职业道德是从事特定职业的人们在其职业活动中所应当遵循的带有职业特点的道德规范准则，是社会生产发展和社会分工的产物。它存在于各种职业活动之中，对调整和评价各行各业的从业人员的职业行为具有重要作用。

职业道德有很强的职业针对性，有具体的适用范围，它主要是通过一定的职业责任心、职业荣誉感、职业作风等体现出来的。因此，职业道德比一般社会道德有更多的具体有效性，对从事一定职业活动的人有直接的约束作用。

安全生产是一种高尚的职业，它要求安全工作者具有良好的职业道德，树立起个人对社会、对他人的义务观念、责任观念、道德观念；树立起社会主义敬业、勤业、精业、乐业意识；要求在生产实践中尊重他人、诚实可信，自觉用法律、规定、道德、文明公约来约束自己；要求在本职工作中勤政务实，廉洁奉公，以最广大群众的最大利益为出发点，保护和发展生产力。

（三）家庭美德与安全生产

1.家庭是社会的细胞，是人类社会生活的基础组织形式

安全是人们生活的基本需求之一，现代及未来家庭不仅有享受、发展、受人

尊敬的需求，更有安全美满的迫切需求。和睦的家庭，其成员在上班工作时心情舒畅，注意力集中，事故发生概率较低，家庭成员之间上班工作前互相提醒，互相照应使工作过程中安全系数增大。可见，家庭美德是搞好安全生产的物质条件和精神基础。

2. 道德责任的实现有赖于安全制度的道德化

安全制度的道德化，就是安全生产的法律制度、权力体制、组织结构及典章制度等都要贯彻公平、正义、平等的原则，且具有充分的道德合理性。这种道德的合理性能够协调好社会各方的安全秩序，使整个安全生产监管体系进入良好的运行状态。

制度对于个人的道德选择和道德生活来说，是一种预设的前提，具有先决意义。制度的道德化是一种他律，其强制性可以不为个体的偏爱所左右，而且对个体的偏爱价值追求还起矫正作用，把个体的行为纳入统一的社会道德秩序中来。此外，其强制性实现对监管行为的调控。一方面通过自身所蕴含的伦理精神，能够鼓励责任主体的道德自觉性，起到激励的作用，而对于道德觉悟低的责任主体，则可以表现为惩处和制裁的作用。其次，有赖于道德责任的制度化。责任主体要以制度化的道德及道德责任追究机制对责任主体进行约束和监管，对违规者予以惩罚，从而达到强制责任主体遵守行政道德的目的。最后，有赖于责任主体的道德化基于"人性恶"假设基础上做出的对责任主体进行规范和限制的制度设计和安排。通过责任主体对权力的行使才能使制度设计和制度安排获得实现的可能。

3. 责任主体的素质和道德状况是制度得以落实和实现的关键因素

制度化的道德责任只是一种最低限度的一般性的道德要求，但是责任主体在行使权力时面临的环境因素是很复杂的，要使责任主体不陷入不道德的境地，责任主体应当有着至善的道德愿望和道德理想追求。

要做到这一点，需要对责任主体加强道德责任的教育。首先，要使责任主体树立正确的道德价值取向。在现代社会，政治权力日益成为公共权利，而公共权利是附属于公共利益的，它只有为公共利益服务，才能体现它的公共性。其次，要使责任主体成为践行个人美德的榜样。没有责任主体对个人美德的践行，社会很难走上美德供给之路，这不仅是由于责任主体的示范性作用决定的，而且是由于责任主体可能对美德社会供给的破坏性决定的。因此，责任主体应该成为践行个人美德的榜样，而不应该成为践踏个人美德的典型。

第五章　安全生产责任追究的关键

第一节　履职行为的表现

法律上的滥用职权罪是指国家机关工作人员故意逾越职权或者不履行职责，致使公共财产、国家和人民利益遭受重大损失的行为。而玩忽职守罪是指国家机关工作人员严重不负责任，不履行或不正确地履行自己的工作职责，致使公共财产、国家和人民利益遭受重大损失的行为。从滥用职权罪的构成及其他追责的相关条款来看，安全生产的责任追究都与责任主体的履职行为直接相关。履职行为的表现是安全生产责任追究中最核心的要素。

存在安全生产责任追究的实践中，不履行或不正确地履行职责的行为一旦产生严重后果很容易被追责。这些不履行或不正确地履行职责的表现可分为责任主体不作为、乱作为，不当作为、慢作为四种情形。

一、不作为

（一）不作为要以责任主体具有法定义务为前提

这种法定义务是法律上的作为义务。作为的义务来源于法律的明确规定，它既有履行法定职责的义务，也有要求在履行法定职责时遵守法定程序的义务。在实体上的义务，主要是要求对相对人应尽到保护的职责；在程序上的义务，主要散见于各种法律法规之中，如《安全生产违法行为行政处罚办法》中规定的安全监管监察部门在实施行政处罚过程中的表明身份的义务，告知的义务，听取申辩和陈述的义务等。

（二）不作为以责任主体没有履行法定作为义务为必要条件

责任主体的不履行法定义务表现为，责任主体没有做出任何意思表示，或不予接受、迟延办理。如在公民、法人或者其他组织遭受安全危险时，具有相应法定职责的行政机关予以拒绝或不予回复处置。又如责任主体对相对方提出的保护安全的申请明确表示不履行或虽然未明确表示不履行但超过法定期限仍不履行，即在法定期限内既不表示履行也不表示不履行。这里的"不履行"不是行政主体意志以外的原因，而是有履行能力却故意未履行、延迟履行。

（三）不作为的定义

1. 程序论

即从行政程序方面区分行政作为与行政不作为，只要行政主体做出了一系列的实质性程序行为，即表现出积极的作为状态，无论该行为在实质内容上反映的是为或不为，都应该是行政作为，反之就是不作为。因此，行政不作为是指行政主体负有作为的法定义务，并有作为的可能性而在程序上逾期有所不为的行为。

2. 实质论

即指行政主体消极地不做出一定的动作。方式有"为"，如反映的内容是不为，则是形式上有"为"而实质上"不为"，也是不作为。

3. 违法论

即指负有法定的作为义务却违反该规定而不履行作为义务的行为，所有的不作为都是违法的。

4. 评论

即指不作为的前提是不作为存在着违法的可能性，而非现实性，不作为只能是审查后的结果，而非审查前的结论。

（四）不作为的构成要素

1. 申请要件

相对人向责任主体提出了实施一定行为的合法申请。按照责任主体能否主动做出行政行为标准，行政行为可分为依职权的行政行为和依申请的行政行为两类。对照《行政复议条例》第九条和《行政复议法》第六条规定的可以申请复议的三类行政不作为案件看，可以申请复议的三类行政不作为，均有"申请"这一前提条件。行政主体只在对依申请的行政行为不依法履行时，才构成行政不作为；行政相对人对依职权的行政行为，行政主体怠于行使职权的，并不构成行政不作为。

2. 职权要件

责任主体对相对人的申请事项具有法定职责和管理权限。公民、法人或者其他组织申请责任主体做出的一定具体行政行为，要在被申请的责任主体的法定职责和管理权限范围内。如果相对人申请做出的一定具体行政行为不在被申请的责任主体的法定职责范围内，不能对被申请的行政主体的不答复、不办理行为以行政不作为为由提起行政复议。其次，相对人申请做出的一定行政行为要在被申请的责任主体的管理权限——地域管辖、事务管辖和属人管辖范围内。责任主体只对其管辖区域内的相应事务具有管理权限，申请人不按管理权限要求行政主体做出一定行政行为，被申请的行政主体不予办理或答复的，申请人不能以其不作为为由申请行政复议。

3. 期限要件

责任主体未在一定期限内按照法定程式实施一定的行为。责任主体为一定行为的时间，少部分法律法规已做出规定，包括《行政复议法》在内的大多数法律法规未做出规定。在没有规定法定期间的情况下，学术界主张根据多方面因素，如行政主体处理类似问题的惯用时间、事件本身的难易程度、行政主体的主客观条件、有无法定阻碍事由等，确定一个合理时间，并以该合理时间为基准，确认是否有不作为的事实存在。在规定期限内，相对人不得认为责任主体不作为并申请行政复议；超过此期限，责任主体若没有依照法定程式做出一定的行为，则构成行政不作为。

（五）安全生产领域不作为的具体行为

根据安全生产法律法规，安全生产领域的不作为主要指的是以下履职行为：一是对依申请、请求、申诉的行政行为，未按照规定受理、审查、决定的；二是未按照规定检查、检验、检测的；三是对发现的违法行为未予以制止、纠正的；四是发现重大安全隐患未采取措施加以消除的；五是对依法应当给予行政处罚或者采取行政强制措施的违法行为，未予以处理的；六是收到公民、法人或者其他组织的投诉、举报后，未按照规定调查、处理的；七是应当履行保护公民、法人和其他组织人身权和财产权等法定职责，而未履行的；八是行政相对人询问有关行政许可、行政给付条件、程序、标准等事项，拒绝答复的；九是未履行行政复议职责、行政诉讼应诉职责、行政赔偿或者行政补偿职责，损害政府与行政相对人关系的；十是未履行信息公开义务、告知义务或者保密义务的；十一是国家和地方规定的其他不履行行政职责的情形。

二、乱作为

（一）乱作为的定义和内涵

乱作为指的是不依法履行职责也即指违法履行职责的行为状态。这是一种错误行为方式，即责任主体在履行职责过程中，未尽到应有的义务或管了不该管的事，导致政令不通、执行不力，同时还损害社会的安全发展和影响人民群众的正常生活。表现形式有"错位""越位"及"侵权"等。乱作为一般都有滥用法律赋予的权力的表现，具有明显违法性的特点。

错位一般指离开原来的或应有的位置，这就要求固定的角色与位置要有相应的清晰的定位和明确的责任,这样每个个体才能准确恰当地履行好自己的岗位职责。它告诉人们一定要给自己做一个清晰准确的定位,每个人要立足本职,不做与自己权利不匹配的事情。要把自己的工作做精。做扎实,不要本末倒置。越位是在讲权利与责任的关系,权利与责任是相辅相成的。如果一个人不在其位,也就没有相对于其位拥有的权利。所以也根本承担不了相应的责任。也就不可能谋这个位置的事,即使谋也谋不好。侵权行为是一种行为人实施的过错行为。

(二)安全生产领域乱作为的具体行为

根据安全生产法律法规,安全生产领域的乱作为主要指的是以下履职行为:一是违反决策程序对重大事项作出决定,或者个人或少数人擅自改变集体决定的;二是擅自设立行政许可或增加行政许可前置条件等无法定依据减损公民、法人和其他组织权利或增加其义务的;三是违反规定的步骤、顺序方式形式等规定程序实施行政行为的;四是超过法定时限或者合理时限履行职责的;五是超越法定权限实施行政行为的;六是隐瞒重大安全隐患或事故的;七是违法查封、扣押、没收财物的;八是不具有行政执法资格或者违反规定使用执法证件的;九是违反规定乱收费,或者要求行政相对人接受有偿服务、强行指定中介服务机构的;十是违反规定制作法律文书、使用票据的;十一是违法委托其他组织或者个人履行职责的;十二是实施行政行为无事实根据,或者主要事实不清,主要证据不足的;十三是国家和地方规定的其他违法履行行政职责的情形。

三、不当作为

不当作为指的是不当履行职责的行为状态。从根源上探索有两大原因:一是利益驱使,这是不当行为的动因。二是权责不明,这是不当行为的外部条件。内在逐利性、外在趋利性,使部分责任主体甘愿实施不当行为;权力和责任不明确又使其能够实施不当行为。

根据安全生产法律法规,安全生产领域的不当作为主要指的是以下履职行为:一是工作作风懈怠、工作态度恶劣的;二是对于明显相同情况的生产经营单位或相对人不同对待,歧视特定生产经营单位或相对人;三是为实现安全监管目标采取的行政方法、手段明显失当如选择性执法的;四是滥用自由裁量权,致使行政相对人合法权益受到损害,或者使其逃避、减轻责任的;五是国家和地方规定的其他不当履行行政职责的情形。

四、慢作为

慢作为是指责任主体对在规定时间内能完成的工作任务不抓紧完成,或找各种借口不抓紧解决能解决的问题的一种行为状态。

《安全生产法》规定：安全生产监督管理部门应当按照分类分级监督管理的要求，制订安全生产年度监督检查计划，并按照年度监督检查计划进行监督检查，发现事故隐患，应当及时处理。安全生产监督管理部门和其他负有安全生产监督管理职责的部门依法开展安全生产行政执法工作，对生产经营单位执行有关安全生产的法律、法规和国家标准或者行业标准的情况进行监督检查，对检查中发现的安全生产违法行为，当场予以纠正或者要求限期改正；对检查中发现的事故隐患，应当责令立即排除。负有安全生产监督管理职责的部门在监督检查中，应当互相配合，实行联合检查；确需分别进行检查的，应当互通情况，发现存在的安全问题应当由其他有关部门进行处理的，应当及时移送其他有关部门并形成记录备查，接受移送的部门应当及时进行处理。负有安全生产监督管理职责的部门接到事故报告后，应当立即按照国家有关规定上报事故情况。有关地方人民政府和负有安全生产监督管理职责的部门的负责人接到生产安全事故报告后，应当按照生产安全事故应急救援预案的要求立即赶到事故现场，组织事故抢救。

从以上条款中，不难发现两个重要词汇：及时和立即。这表明，安全生产的监管工作要依法及时、立即行动，不能稍有迟疑。

相比于不作为、乱作为，不当作为，慢作为一般不引人注意，但危害依然极大。一些责任主体故意放慢工作速度，降低工作效率，影响一方安全。有些群众的合理诉求得不到及时解决，被有些相关责任人员当作皮球踢来踢去，有的拖了几年，又变成了不作为，这种情况造成群众的强烈不满，有时甚至会演变成群体事件甚至事故。很显然，慢作为实质上也是一种失职甚至渎职的行为。

根据安全生产法律法规，安全生产领域的慢作为主要指的是以下履职行为：一是对应当履行的职责，无正当理由未在规定时限内办结的；二是对涉及群众生产生活等切身利益的问题依照政策或有关规定能及时解决而不及时解决的；三是对符合法律或政策的群众诉求消极应付、推诿扯皮的；四是国家和地方规定的其他慢作为的情形。

第二节　行为结果分析

一、行为结果是责任追究的重要因素

没有一定的行为结果在一般情况下是构不成责任追究的。在我国的法律上，结果犯是以法定的犯罪结果的发生为犯罪构成要件的犯罪。结果发生了，行为才构成犯罪；反之，犯罪不成立。结果犯不仅要实施具体犯罪构成客观要件的行为，而且要发生法定的犯罪结果。

犯罪结果是指犯罪行为对法所保护的权益造成的实际损害事实。我国刑法的有关规定表明犯罪结果仅指损害结果。如我国刑法规定："犯罪的行为或结果有一项发生在中华人民共和国领域内，就认为是在中华人民共和国领域内犯罪。"这里的"结果"就指损害结果。但哲学意义上的结果与刑法上的犯罪结果是有所区别的。哲学上的原因与结果是同一范畴，凡是原因引起的现象都可以说是结果。危险犯中的危险是由危害行为引起的一种实害结果。这种可能虽然和现实很接近，但毕竟还未转化为现实。虽然犯罪结果是由犯罪行为引起的一种现象，但并不是由犯罪行为引起的一切现象都是刑法意义上的犯罪结果。

在法律上，行为犯是一个与结果犯相对应的概念，既然结果犯是指以犯罪结果的发生为成立条件的犯罪，那么行为犯就是指成立犯罪不要求发生危害结果的犯罪。不管怎么说，行为犯还是存在的。

二、行为结果与追责的关系

在安全生产责任追究中，在追究政治责任、道德责任及行政责任时，在某种特殊情况下，可能会对责任主体的某种特殊行为（尚未造成某种后果）实行追责。

对于针对安全生产的某些过失行为，因其所包含的法益特别重大，主观上又都是过失，在行为导致严重危险（尚未发生死亡事故）时，理论上需要一定的责任追究来制约。但这种情况在追究法律责任中是不存在的，因为法律强调行为与结果之间有直接因果关系，即由于责任主体某个行为导致了某种不良尤其是危害性的结果，行为事实与结果之间有必然的、直接的因果关系。对行为直接实施追责明显有违当代的法治精神。

因此，在行政追责中，也要坚持不作为、乱作为等行为的事实与追责结果之

间的统一,也就是说实施追责的前提要是由于不作为或者乱作为等行为,直接地、必然地导致了不良后果的发生,才能对产生不作为、乱作为等行为的责任主体实施追责,否则就会形成连带责任,甚至株连。

三、行为结果对责任追究的影响

在安全生产领域中,一旦造成其种严重后果如发生重特大事故后,都会由政府组织事故调查组进行调查,通过事故分析,确认造成事故的直接原因、间接原因及主要原因。这些原因对后果的影响是不同的,主要原因对后果产生主要影响,没有这种原因在通常情况下可能就会避免事故这种后果发生;而直接原因与间接原因则对后果产生直接与间接影响。

所以,笔者认为,在事故责任追究中,应先追究形成主要原因的责任主体的责任,再追究形成直接原因的责任主体的责任,视情再追究形成间接原因的责任主体的责任,不可选择性地予以追究责任,更不可追了次要的间接的责任主体的责任,而放过主要的、直接的责任主体的责任。

第三节 主观表现

安全生产责任追究主要针对的是安全生产领域中的不作为和乱作为等行为。不作为指的是负有特定义务的人不履行法定的义务，乱作为是指负有特定义务的人不正确履行法定义务。从主观心理态度看，不作为是消极的，责任主体在主观上具有过失，乱作为是积极的，责任主体在主观上具有故意。这种主观表现直接影响追责的结果，也因此笔者将主观表现列为责任追究的前提要素来分析。

一、对过失行为的判断

我国法学界的传统观点认为，过失行为的社会危害性主要不是表现在行为人的主观上，而是表现在行为的客观效果上，因而只有当过失行为造成了严重危害社会的结果时，过失行为才由错误行为转化为犯罪行为，从而具备被追责的性质，过失犯罪都是结果犯。

但随着科学技术的进步人类活动复杂化，过失错误行为及其可能造成的损害大幅度增加，于是一些学者提出法律应当规定过失的危险犯。目前国内许多学者认为，对那些主观恶性比较重，损害结果虽未发生，但发生的可能性很大，且可能造成损害巨大的严重过失行为，可考虑特别规定为危险状态的过失犯罪。笔者也倾向认为，过失犯罪并不都是结果犯，并不都要求实害结果的发生。对某些过失犯设立危险构成是适应实践的需要。

随着科技的发展和人类活动的复杂化，人的过失行为会增多。如果非要等到实害结果发生，责任追究制才予以规制，则不利于保护法益。面对过失错误行为以及可能造成的损害大量增加的事实，与其固守"过失犯罪是结果责任"，不如适应现实，对某些过失设立危险构成。

二、对故意行为的判断

在刑法上，承担刑事责任通常情况下需要责任主体主观上存在着过错。刑法意义上的主观过错包括故意和过失，其中故意又包括直接故意和间接故意。

直接故意是指行为人明知自己的行为必然或者可能发生危害社会的结果，并且希望危害结果的发生以及明知必然发生危害结果，而放任结果发生的心理态度。又可分为两种情况，即明知可能和明知必然。

间接故意是指行为人明知自己的行为可能发生危害社会的结果，并且放任这种结果发生的心理态度。所谓放任，是指行为人对于危害结果的发生，虽然没有希望、积极地追求，但也没有阻止、反对，而是放任自流，听之任之，任凭、同意危害结果的发生。

间接故意包括三种情况：一是为了追求一个合法的目的而放任一个危害社会的结果发生；二是为了追求一个非法的目的而放任另一个危害社会的结果的发生；三是在突发性案件中不计后果。

直接故意和间接故意的区别在于：一是认识因素有所不同。直接故意包括明知可能和明知必然两种情况，间接故意只有明知可能一种情形。二是对危害结果发生的意志因素明显不同。间接故意是放任结果发生，即听之任之、满不在乎，容忍、同意危害结果的发生；直接故意的意志因素是希望结果发生或明知道必然发生的情况下放任结果发生。三是特定危害结果发生与否，对两种故意及其支配之下的行为定罪的意义也不同。四是直接故意的主观恶性大于间接故意。

第六章　安全生产责任追究的创新方式

研究安全生产责任追究的创新路径，首先要研究安全生产责任追究的内在逻辑。无论客观环境如何差异，无论追责内容如何复杂，安全生产责任追究的内在逻辑是不变的，即要遵循"对谁负责、对何事负责、由谁负责、如何负责"这样一条逻辑主线展开。

"对谁负责"的问题，是安全生产责任追究的逻辑起点。最广义的解释是对社会民众负责，即责任主体履行法律法规及政策所赋予的职责和义务，公正、有效地实现社会民众的安全需求和安全利益。广义的解释是对政府负责。政府是安全的监管主体，它的终极目标之一就是通过权力的分解实施实现全社会的安全。狭义的解释就是对责任主体自身负责，即对违反法律规定的义务和违法行使职权时所承担的否定性法律后果。这三种解释在本质上是一致的，其价值指向都是社会民众的安全利益要求。社会民众的安全需要与愿景是政府及各种责任主体开展安全监管的价值目标与动力。行政为民是责任主体的内在要求，是其基本的价值追求。责任主体作为社会的一分子，除了社会民众的利益外，不应有自己特殊的利益。责任主体存在的种种失责现象就是背离了行政为民的价值目标，理应受到追责。

"对何事负责"的问题，是安全生产责任追究的逻辑前提。合理确定责任主体的责任内容，既是建立追责制的基础，也是落实追责制核心所在。通常责任的价值定位是比较稳定的，但具体责任又是可变的，不同时期的责任内容是有差异的。虽然责任主体所承担的职能范围与内容不同，但都不可能是全知全能的，所以，所有责任必然是有限的，这是确定责任内容的基本理念。现代社会中，政府、企业和社会中介组织，构成安全治理的三大板块，各自在相对独立的领域内发挥各自的功能，履行各自的安全职责，实现对社会的共同而有效的安全治理。因此，要依据时代的特点和社会民众的实际需求，从宏观到微观、从抽象到具体，重新厘定各责任主体的权责关系，科学确定责任的内容，使各责任主体明确自己应该做什么，不该做什么，并根据责任的内容和性质寻求有效的责任实现途径，这是构建科学的追责制的前提条件。

"由谁负责"的问题，是安全生产责任追究的关键。我国当下的安全生产活动有两个主体，在安全生产活动中，生产经营单位负安全主体责任，政府及有关部门负有安全监管责任。安全管理活动是一种组织性的活动，因此政府或生产经营单位的责任主体是其组织及从属于其组织的人员。组织的责任都是通过一个个具体的个体来实现的。个体的行为要代表组织的行为，而不是作为个人的行为。对这一角色条件下的责任义务的认同和自觉履行程度是责任认定的关键。唯有每个责任主体自觉地将这种责任内化为自己的责任感和义务感，成为自己内在价值的重要部分，逐渐形成自己的履职风格，才会产生积极主动履行安全管理角色下的责任行为，才易于在面对责任、利益、权威等方面的伦理冲突时，启动道德自律机制，做出符合安全价值的选择，才会变消极行为为积极行为。建构追责制除了完善各种规章制度，从外部规范责任主体的行为外，更重要的是责任主体的内在伦理自主性的养成，这才是责任主体保持持久履职状态的核心动力因素。

"如何负责"的问题，是安全生产责任追究的途径选择。它是实现责任追究的根本保障。实施责任安全生产追究制的本质就是建构科学、合理、有效的权力控制机制，保障权力运行的方向和目的符合安全生产管理的基本价值追求——实现全社会的安全。如果缺乏有效的权力控制措施和调节手段，必然导致权力异化和腐败滋生，产生背离安全生产管理价值的行为。如何负责的第一要义在于全面贯彻"安全第一，预防为主，综合治理"的安全生产方针。

第一节 健全责任追究制度

一、科学划分权责界限

（一）明确职责、厘清权责关系

建立科学的安全生产责任追究制度，前提是拥有清晰的权、责、利，合理地配置和划分权力。只有职责明确才能追责。职责明确既包括各级政府及职能部门的职责明确，也包括每一个责任人员的职责明确。

科学规范各部门职能，合理设置机构，逐步撤并职能相同或相近的工作部门，理顺工作关系，改进管理方式，切实解决各种管理问题。这样有利于避免因职责分工重叠引起的互相扯皮等现象。

（二）明确政府部门之间的权责关系

1. 科学划分各部门之间的职责权限

对于部门之间功能性权利交叉、职责不清的问题，应结合《行政许可法》和《安全生产许可证条例》，清理非法的许可事项，清除职能中重叠、交叉、模糊不清之处；坚持综合管理，能由一个部门管的，就不要设几个部门，要由多个部门管的，也要明确主管和协管明确职责和权限。

2. 建立部门协调机制

完善与相关政府部门职能的争议协调机制。经协调后仍无法解决的，要请求上一级政府协调解决，避免因职责不清造成互相推诿，影响工作的落实。

（三）明确上下级行政主体的权责关系

1. 实行岗位责任具体化

责任要具体到人，即在行政领导正副职、上下级官员之间的责任如何分配，都要有明确的规范。要根据现代行政运作的基本要求和人力资源的配置原则，结合各单位的业务工作实际，把各级机构的基本职能具体分解为各级领导岗位职责和各个行政人员岗位职责。特别要明确领导干部的职责，厘清条块关系。各级岗位都要制定岗位名称、隶属关系、主要职责、基本内容四要素的岗位规范，以及包括工作内容、程序、依据三要素的工作规范。

2. 实行岗位责任逐级负责制

责任层级要清晰化，明确和细化各层级职级的责任。"一把手"负总责，副职对正职负责，下级对上级负责，子系统对总系统负责，一级对一级负责。明确责任带来的压力与动力，一方面迫使责任主体清楚要"做什么怎么做"，要树立正确职业观念，在法律职权允许的范围内发挥才干。另一方面，使安全生产政策制定与执行过程更加协调，有效避免决策层与执行部门在服务理念、施政方式上的脱节，促进各个部门之间的分工合作。

（四）责任追究制是一套完整的责任体系

1. 刑事责任

这是最严厉的一种承担责任的方式，此时责任主体的行为已经触犯了刑律；

2. 行政责任

责任主体的行为虽然还没有触犯刑律，但已经违反了有关行政法，因此要承担相应的行政责任；

3. 政治责任

或称纪律责任，责任主体虽然没有违法，但违反了党章的规定或者纪律的规定，要受到党纪处分；

4. 道义责任

责任主体虽然够不上前面三种情况，但由于其工作不力或者工作错误，老百姓不满意，基于道义，主动辞去职务，即所谓的引咎辞职。"引咎辞职"与其他三种责任承担方式的区别不仅在于前三者是被动型的，而后者是主动型的；还在于前三者实行"无罪推定"和"直接责任"原则，而后者则实行"有罪推定"和"间接责任"原则，即只要老百姓对责任主体管辖范围内的工作有严重意见，责任主体就可以明智地选择辞职。但它不能取代或者遮掩前三种责任追究方式。

二、明确追责对象和范围

要确定责任对象，关键是要确定政府及其行政官员的职责权限，根据权责对等的原则进行追责，即享有多大权力就承担多大责任，谁行使权力谁负责。

根据经济社会发展的要求，对政府各部门进行科学的职能分析和职能分解，采用列举式的方法对部门职责加以具体、明确、翔实的规定。对于领导干部之间的权力和责任的确定，要根据谁参与、谁决策、谁负责的原则进行追责。对官员，要明确划分其职能，对完全属于政府职责范围的领域，要直接追究政府及其官员的责任。在现行安全生产行政首长负责制的制度安排中，行政首长固然是决策的最后拍板者，但在集体讨论审议中，行政副职领导人的意见和态度却同样是重要的，不能以集体决策或行政首长负责制为名而忽视了对行政副职领导人的责任追究。对一些重大错误决策或失职事故，副职在集体决策讨论中持反对意见时，对事后的责任追究应该减轻或免责；对持肯定意见者，即使不是其分管的工作，也应该追究其连带责任。只有这样，才能保证决策更加科学，从而减少给人民群众造成不应该有的损失。

追责制要从单纯追究"有过"向既追究"有过"又追究"无为"转变，要改变只是发生了涉及群众重大生命财产损失等突发性安全生产事故后才启动追责的做法，应重视平时日常工作的审视、督促和检查。不仅要对发生的重大事故追责，而且要对行政做出的错误决策追责；不仅要对滥用职权的行政作为追责，而且要对故意拖延、推诿、扯皮等行政不作为追责；不仅要对经济领域的安全事故追责，而且要对政治等其他领域的事故追责；不仅犯了法、有了错要追责，而且对能力不足、有损社会形象的"小节"等方面也要追责。

三、规范责任追究方式

责任追究方式是指对责任主体的处理方式。只有明确责任追究方式，才能确保有责人员受到应有的处理。一般认为，安全生产责任追究立法要对承担的责任内容做出四种规定：政治责任、行政责任、法律责任、道德责任。这四种责任可单独适用，也可合并适用。另外，对上述四种责任的承担方式应细化，对责任主体追究什么责任，方式要有针对性。其中，政治责任方式有：被质询、被罢免、投不信任票等；道德责任方式有公开道歉、引咎辞职等；行政责任方式有纠正行为、通报批评，及种种行政处分等；法律责任方式有赔偿、恢复名誉、赔礼道歉、消除影响、撤职、开除及判刑等。

四、强化立法规范考核

完善安全生产责任追究制应该以法规性追究为主，只有制定一系列法律法规，规范安全生产标准，才能追究相关责任人的法律责任，保证安全生产的协调发展。《关于特大安全事故行政责任追究的规定》规定了一些安全生产责任追究的内容，如发生特大安全事故，将对地方政府进行彻底的责任追究；对利用职权阻碍安全生产监督管理部门及相关单位进行安全生产工作推进的，要追究相关责任。为了加强安全生产工作，要建立起与安全生产挂钩的干部政绩考核机制，把安全生产考核结果作为领导干部选拔任用奖励惩戒的重要依据，并对领导干部实行安全生产终身责任追究制。

第二节 深化责任追究文化

安全生产责任追究文化简称追责文化，是追责价值观、信念、道德、行为准则的复合体，是追责观念和追责行为准则的总和。它是追责的基础和精神支柱，对追责的影响具有内驱性、持续性、久远性。围绕"安全发展、和谐发展、科学发展"主轴，营造有利于安全生产追责的舆论氛围和文化氛围，建设个性鲜明的追责文化，推动安全生产主体责任的落实，是从本质上推进安全生产追责制落实的重要途径。追责文化既有文化自身的深刻内涵，体现了各种文化的共性化特征，同时又被打上了安全生产责任追究的强烈印记，体现了安全生产追责的个性化特征。

追责则的核心在于追责，而追责的落实则有赖于在整个社会中形成一种追责文化的氛围。只有将追责文化内化于人们的潜意识中，才能使追责主体在日常的工作行为中自觉地、主动地利用其追责的权利和机会，真正发挥追责的监督制约作用；才能使责任主体更能积极面对社会的安全诉求和迅速回应社会的安全需要，真正为自己的履职行为承担责任。

培养追责文化，需要加强全社会的追责文化建设，增强全社会的安全生产追责意识。考虑到追责文化的建设具有长期性，而且需要有一定的社会文化基础，应当制定长期的安全生产追责文化发展战略。追责文化发展战略的制定应该具有前瞻性和全局性的战略眼光，不仅仅着眼于各种责任主体，而且要从更高更广的角度着眼于从整体上增强全民的责任意识，为追责制的推行提供广泛而深厚的追责文化底蕴。打造和谐型追责文化，构建监管机构与监管对象和谐互动的机制，处理好政府监管与生产经营单位落实安全主体责任的关系。打造创新型追责文化，构建监管信息及时迅捷沟通机制，处理好监管成本与监管收益的关系。打造学习型追责文化，构建责任主体自觉、主动学习机制，处理好监管素质提高与监管事业发展的关系。

一、破除"官本位"思想

（一）提高行政官员的思想道德修养和广大群众的思想意识

进行世界观、人生、价值观教育，提高行政官员的思想道德修养和广大群众的思想意识，这是破除和克服"官本位"意识的思想基础。行政官员的权力是人民赋予的,只能用来为人民谋利益。要切实加强对行政官员的思想教育,通过教育使之彻底摆脱封建思想残余并演化为自觉行动,解决好如何正确行使手中权力的问题;对人民群众来说,通过宣传教育和逐步学习,树立社会主义的民主意识、公民的权利和义务观念、社会主义的平等和公平意识,使其自觉认识到"官本位"意识的危害,有效抵御"官本位"意识的侵袭。

(二)监督好权力的运作、切实转变政府职能

1. 有效地监督好权力的运作,防止权力异化

建立有效的监督机制,加强对各级官员的监督,使他们即使有利己之心也不能不恪守职业道德的边界,"不敢为,不能为,不愿为"。在全方位、多层次的监督下,官本位意识及各种现实表现没有藏身之地。

2. 切实转变政府职能,建立起科学规范的行政管理体制

加快政社政企、政事分开的改革步伐,让政治权力从微观经济领域中退出来,弱化权力在资源配置中的绝对性作用,堵塞行政官员的经济经营行为,促进政府管理的有效性。

(三)加强法治建设,建立新型的政府文化

加强法治建设这是破除和克服"官本位"意识的法律保障。依法治国方略的提出,有力地推动了我国的立法、执法工作,大量法律法规的相继颁布,必将把行政管理纳入法治化的轨道,矫正行政官员头脑之中的人治观念,彻底摆脱"官本位"意识。

在宏观领域,应当用市场经济的理念和方法构建新型的政府文化。积极倡导能力、道德、社会效益等价值评价标准,实现由"官本位"向"民本位"思想的转变,由"金钱本位"向"能力本位"的转变,最终建立符合社会主义市场经济的多元化的价值评价体系。

在公共行政领域,要实现从全能行政文化、人治行政文化管制行政文化向有限行政文化、法治行政文化和服务行政文化的转变,培养行政人员的道义责任,使其更加主动自觉地承担责任,使追责制最终建立在官员道德自觉的基础之上。

二、提升责任主体的责任意识

责任主体对责任的心理支持程度即责任意识与责任认同程度,在整个责任机制中占首要地位。责任主体的责任意识和责任认同水平主要是指与安全职业相联系的道德认识、道德意志道德信念与道德习惯等。在道德认识上,责任主体要深刻理解自身对国家对人民负有重大责任,其权力的行使目标是最大化地实现安全目标;在道德意志上,责任主体在安全生产实践中要有克服内外部障碍的毅力和

坚韧不拔的精神，在任何时候都要摒弃私心杂念，把人民利益放在第一位；在道德信念上，责任主体要有强烈的全心全意为人民服务的责任感，要把安全职业义务转化成内心情念与追求；在道德习惯上，要从安全生产工作的点点滴滴入手，在一定的道德模式支配下，逐渐定性化、习惯化、自觉化，成为一种自觉自愿的行为方式。

责任主体的责任意识蕴含着责任主体的职业认同、职业忠诚和职业荣誉感。它作为一种价值观念与信仰，对责任主体的安全生产活动产生深远的影响。责任主体只有具备了强烈的责任意识和责任认同，才能自觉主动地去履行自己的职责，才能不仅积极采取有效的措施"正确地做事"，而且从自己的良知与信念上努力去做"正确的事"。从一定意义上说，责任本身就是一种道义上的责任，它要求责任主体在道德水平和个体素质上是社会的"典范"。

三、培育责任主体的道德自律能力

道德自律能力是指责任主体在对社会伦理准则广泛认同的基础之上，树立坚定的伦理信念，实现自我意志对行为的自我立法、自我约束的能力。如何采取行之有效的措施，培养和提高责任主体的道德自律能力，杜绝不良现象尤其是行政伦理失范现象的发生，是当今社会特别是安全生产领域亟待解决的问题。

（一）强化自律意识，正确认识"三个善待"

善待权力：就是各责任主体要正确认识自己手中权力，正确地行使权力。手中的权力是人民赋予的，只能用来为人民谋利益，绝对不准以权谋私。善待生产经营单位：一切言行都要以人民群众"满意不满意""高兴不高兴""答应不答应"为根本是非标准。善待事业：就是责任主体要有强烈的事业心和责任感，献身于安全生产事业，与时俱进，开拓创新，朝气蓬勃，做出实绩。

（二）增强规范意识，自觉遵守安全道德规范

1. 勤政为民

各责任主体要勤于安全生产事务，发展要有新思路，改革要有新突破，开放要有新局面，工作要有新举措，尽心竭力，恪尽职守。

2. 坚持原则

坚持原则是安全生产特殊的职业性质所决定的要遵守的道德规范。各责任主体要在公仆职业活动中坚定不移地贯彻国家关于安全生产的方针和政策。要勇于同有损安全的思想和行为做斗争，决不屈从于各种人情、压力和权势。

3. 谦虚谨慎

以自尊和自律的态度对待自己，以尊重和礼貌的态度对待生产经营单位。

4. 遵纪守法

它是一种最基本的道德要求。各责任主体要自觉地严格遵守国法，不做任何违法乱纪的事情。

5. 开拓创新

开拓创新是责任主体职业道德规范中最能反映时代特征和时代精神风貌的重要规范。要不满足现状并且勇于打破和改变现状，克服一切困难，在现有条件和已有成绩的基础上奋力前进，不断创造新的业绩。

（三）认真加强道德修养，努力提高道德自律能力

责任主体的道德发展大致包括行政道德义务、行政道德良心及其两者的统一三个过程。所谓行政道德义务，是指行政主体对他人或社会做自己应当做的事情，是现实的社会关系与利益关系的产物，在行政伦理规范中表现为对他人和社会应尽的道德责任，是一种间接的法律性规范。

行政道德义务是行政道德行为的开始。对行政行为的约束仅靠来自行政道德主体之外的行政道德义务是不够的，也就是说行政道德义务要转化为行政道德良心，即行政道德要从行政道德义务的他律阶段向行政道德良心的自律阶段转化或升华，才是行政道德发展的必然要求。

行政道德良心是存在于责任主体内心深处的，对自己行为应负的道德责任的自我认识和自我评价能力，是责任主体意识中各种道德观念、道德心理因素的有机整合，表现为责任主体对行政责任的自觉意识，也即道德责任感，其本质特征是具有自律性，这种自律具体地体现于行政道德良心的作用之中。行政道德良心的作用主要表现在：行政行为前对行为选择的动机起制约作用；在行政行为进行中起监督作用；在行政行为完成后对行为的后果和影响起着道德评价作用。

总之，培养和提高责任主体道德自律能力是一个长期的、复杂的系统工程，它不仅有赖于责任主体对自身行为进行自我约束、自我立法，而且它要与各种硬性的约束机制相结合。

四、强化民主法治意识

（一）宣扬法制治理理念

进一步强化安全生产民主法治意识，首先应该做的是，大力推进法制宣传教育，使法律至上的社会主义法治理念根植于人们的灵魂深处。针对我国的国情而言，公众民主法治理念的增强除了市场经济的自身培育外，主要靠法制教育。在这方面，我国已开展了多年的安全生产普法教育，广大公民的安全生产法律素质有了普遍提高。

（二）要创造一个良好的法治环境

1. 要有法可依

要以科学发展观为指导，根据形势发展的需求，及时对安全生产法律法规及标准进行立、改、废，达到"全面、切实、适时"的社会要求；立法要立"良法"，坚持以人为本的原则，反映人民的根本利益，体现便民快捷和效益，创造人人可用法、事事可依法、处处可见法的法治氛围。

2. 要实现有法必依

一方面要帮助公众自觉用法，依法解决安全生产纠纷，表达安全生产诉求，维护安全生产权益。同时，强化执法者的法律操守，做到依法决策依法行政、依法管理和依法办事。要完善法律服务和违法追究机制，引导整个社会迈入有法必依的轨道。

3. 要做到执法必公

加快法治程序建设，积极推行执法责任制、执法公示制、执法过错责任制和执法督察制，使安全生产执法严格按照法定的权责和程序行使职权。

4. 要落实违法必究

要在全社会强化"法律面前人人平等""法律至上"的现代法治理念。

（三）领导者应当高度重视，全社会要积极参与

各级政府要把树立安全生产民主法治意识作为一项长期的战略任务来抓，列入经济社会发展的总体规划。明确相关部门做好进一步树立安全生产民主法治意识工作的责任，充分发挥职能部门在树立安全生产民主法治意识工作中的作用。要做到有组织领导、有目标任务、有方法要求、有检验标准、有保障措施。要动员社会各层面和广大公民积极参与到进一步树立安全生产民主法治意识的工作中去，渗透到社会的各个层面，使每一个公民进一步树立安全生产民主法治意识，为安全生产创造良好的民主法治基础。

第三节　加强责任追究配套机制

一、加强追责监督

以公民社会、权力、权力制约追责权力共同构成一个权力制约体系。以公民制约追责权力是对后两种追责权力制约方式的批判继承。以权力制约追责权力给予公民社会制约追责权力以合法性支持；以权力制约追责权力为公民社会制约追责权力提供效力保障。三种权力制约方式的融合，就可以形成一个比较完善的权力制约体系，不同的制约方式在相应的环节发挥各自的作用，最终形成一种制约的合力。

在开展追责监督工作中坚持"依法监督、有效监督、重点监督"三项原则。依法监督，就是在法律规定的框架下立足于追责工作职能，遵循法纪规律开展监督，依法督促追责主体履行职责，开展立案监督活动，查办追责背后的职务犯罪。有效监督，就是在追责领域和手段中，选定问题较多或案情复杂的追责个案进行监督，集中精力对追责活动进行有效监督。重点监督，就是围绕安全生产中心工作，围绕保障民生民利和围绕追责的程序、原因、处置结果及其他相关情况等方面开展监督。把政府高度关注的事项、群众反映强烈的问题、责任主体异议较多的事项作为监督重点。

二、健全信息公开机制

由于安全生产事故具有不可预知性、过程的震撼性、后果的严重性，以及可能危及公共安全和利益等特点，对事故的责任追究常常会成为社会公众关注的焦点。因此，建立责任追究的信息公开机制，及时将追究信息公开，是事故处置中极为重要的一环。就信息公开的效果而言，信息公开得越早、越多、越准确，就越有利于维护社会的稳定和安全监管的威信。当然，责任追究信息公开本身既是保障公民知情权的时代要求，也是通过社会监督有效防止乱追责错追责的现实要求。

信息公开要依据主动及时的原则、真实性原则、对外口径一致的原则进行，逐步建立起科学的信息公开机制。一是建立健全信息主动发布机制，通过政府网站、电视、报纸、广播主动公开政务信息。二是优化信息沟通协调、联动机制，做好跨地区、跨部门跨行业与新闻媒体之间的协调互动。三是完善信息专家解读机制，建立由主要负责人、新闻发言人、专家学者形成的三级解读机制，对一些重大责任追究做出权威解读。四是舆情监测、收集、处理和回应机制，收集公众第三方评估机构对信息公开的情况反映和数据统计，借助随机抽样问卷调查、访谈、来信来访等方式对问题进行统计分析，针对反映强烈的问题及时作出回应和解答。

三、建立安全绩效评估机制

绩效追责是指把绩效评估活动与追责活动的有机结合，通过绩效评估活动来考察安全生产绩效水平，并依据绩效目标对责任主体进行追责的一种制度。追责的前提和依据就是履职行为的效益。对责任主体履职行为效益要进行科学的评定有赖于安全生产绩效的评估。鉴于目前我国安全生产绩效评估工作的现状，建立起规范化、制度化、系统化、科学化的安全生产绩效评估体系具有极为重要的现实意义。

（一）树立正确的绩效评估导向

绩效评估最终要体现在让民众得到实实在在的安全利益上。是否符合民众安全利益，民众满意不满意、赞成不赞成、拥护不拥护是绩效评估的根本标准。

要坚持群众公认、注重实绩原则，正确处理好以下几方面的关系：一是开拓进取与实事求是的关系。在为民众推进安全生产工作中，一定要做到量力而行，尽力而为，既要防止不思进取守摊子，又要防止不顾民意乱铺摊子。二是对上负责与对下负责的关系。既要对上负责，更要对下负责。三是"显绩"和"潜绩"的关系。"显绩"是见效快、看得见的业绩，"潜绩"则是周期长、基础性的业绩，如改善安全生产环境、提高国民安全素质等。要协调好两者的关系。四是成效与成本的关系。只有既评估成效，又评估成本，才能得出真正客观的评估效果，才能防止为追求业绩不计代价，不惜成本之举。

（二）建立符合安全生产实际的绩效评估指标体系

建立科学的安全生产考核评价指标体系，充分发挥考核评价的激励、导向、监督作用，不但是改善评价设计、提高评价质量的需要，也是理顺安全生产监督监察工作、改善安全生产管理、提高监督监察效率的需要。

安全考核评价涉及价值评判，安全考核评价的结果必然要与好坏联系在一起。安全考核评价指标体系作为评价的标准，要保证考核评价的结果公平公正。这就要求在确定考核评价指标的时候，要充分考虑各种可考核评价的因素，寻找能普遍反映安全状况的有代表性的指标，抛弃有地域偏见或文化差异的指标。

在公正的基础上，对指标的选取要科学。指标确定的科学原则来源于两点：一是指标要能确实反映安全的状况。二是要保证指标收集的数据能用科学的方法来处理。指标的针对性是建立在对安全基本情况总体把握的基础上的，它要计算和分析。

有效是设立安全考核评价指标体系的最终目的。安全考核评价指标体系作为一个应用系统，其目的理所当然要运用到社会中，作为所有相关方面做社会评价的标准和依据。这就要求指标的设定要有整有分，整体上要能反映社会整体的安全状况，而每一部分都能单独使用反映对应领域的安全水平。可以采用多级别综合考核评价的指标设立方式。细化的每个指标，是可量化的标准，而将细化指标处理后，就可以得到定性的结论。有效性还要求设立的指标要具有可操作性，这就要求所选取的指标要有数据的支撑。可以通过访谈、调查等方式取得部分数据，也可以在选择指标时采信部分国家权威部门公开发布的数据。国家各部门、各行业有一些基本的统计指标，这些指标的统计具有权威性和延续性，从这些指标中选取一些与安全相关的指标，既可以保证考核评价数据的可靠性，也在一定程度上减轻考核评价工作的难度，使得考核评价工作更易操作。

（三）开发科学的绩效评估方法

任何绩效评估都是带有主观色彩的行动，在具体工作时很多环节甚至包括很多数据本身会受到主观因素的影响。追求绝对的客观是不可能也不现实的。在这种情况下为使绩效评估指标样本更具典型意义，要处理好主观观念与客观数据、定性研究与定量分析、动态变化与静态数据的关系。

1. 主观观念与客观数据相结合

安全考核评价是一个将主观和客观结合起来的过程，是力图在"是"与"不是"两个领域架起桥梁的工作。选取安全绩效评估的指标时，要充分考虑人们的主观观念和客观数据对绩效评估结果的影响，走客观性和主观性相结合的路子。客观性体现在各指标应对的数据上，可以收集各指标所需要的相关数据，并根据一定的标准，折合成数值，并进行量化计算。主观性体现在对普遍观点的调查上，每个人对安全水平都有自己的观点，这种观点无论正确与否，都体现出一种姿态。如何处理这些主观意见并将其加入指标体系中，也是一个重要的问题。

2. 定性分析与定量分析相结合

坚持定量与定性考核并重。定量考核是以某些指标的有或无，以及实现情况的好坏为基础。定量分析是安全的基本工作，所有指标都要以量的形式体现出来，包括公众主观观念的调查，最终也要以数值的形式体现出来，参加到整体的安全绩效评估中来。但定量要与定性结合起来。把定性分析作为定量分析的基本前提，把定量分析作为定性分析的科学依据，注重以定性标准量化细化考核内容和考核指标。

坚持分类定量、综合定性，注重通过统计数据来支撑和反映定性分析，通过定性分析来甄别和验证统计数据，切实做到既有数据，又有分析。要坚持结果与过程并重。把平时考核作为定期考核的有益补充和重要依据，把平时考核结果按一定比例计入年度考核结果。要坚持"显绩"与"潜绩"并重。按照辩证、发展的原则，把当前利益与长远利益结合起来，既做纵向比较，又做横向参考；既看监管的现状，又看监管的历史；既看事故指标，又看基础管理指标；既看安全条件改变状况，又看安全发展变化态势；既看当前的监管，又看监管的可持续性。要坚持实绩与成本并重。坚持把监管效率的高低作为判断和衡量工作实绩的重要标准，引入成本分析机制，既看所取得的工作实绩，还要看取得工作实绩所付出的投入和代价。

3.动态变化与静态数据相结合

安全绩效评估的指标有些是动态发展的，有些是相对稳定的。对安全评价指标的设置要坚持动态与静态相结合的方法。安全绩效评估指标的静态性保证了考核评价的可能性，以定量的方法来研究变动的东西是十分困难的。不能今天给予安全状况很好的结论，明天就给出很差的评价。安全的相对稳定性使分析某一时间段的安全状况成为可能，而关注安全绩效评估指标的动态性，可以对不同时间段同一地区和单位的安全状况进行考察，用发展的眼光考察安全文化的原因和采取有效的对策。安全绩效评估的动态变化与静态稳定相结合，决定了安全绩效评估本身还具有预测未来的性质。可以根据各指标的静态数据，预测安全的未来发展状况。

四、建立责任主体追责救济制度

现阶段，我国责任主体救济无论是制度设计层面还是实践操作层面，都还存在种种不足，未能充分有效地保障公民、法人或其他组织的合法权益。

针对现有的不足，首先是在制度上下功夫，完善责任主体追责的司法救济和行政救济，使追责救济制度趋向完善和健全。就形态来说，追责则主要有两种，一种行政性追责，另一种程序性追责。前者的依据是行政性的，每一个责任主体的责任比较模糊，缺乏明确的法律依据，追责往往取决于领导人的意志，被追责的责任主体往往处于十分消极被动的地位，是免职或是撤职等处分，都由上级来确定。所以，在实行追责制度的时候，一定要完善制度规范，防止一些责任主体逃脱法律制裁。

与此不同，程序性追责的依据都是法律性的，每一个责任主体的责任都非常明确，都有充分的法律依据，是不是被追责不取决于临时性的行政决策。行政性追责往往是责任政府运作的开始，但要使责任政府稳定而有效地运转，就需要进一步走向程序性追责：完善责任制度的法律基础，通过程序保障在责任面前人人平等，尽可能减少追责过程中的"丢车保帅""替罪羊"问题。因此，追责制度要与现行的法律、行政法规有机地衔接，要将地方政府和国务院有关部门颁布的追责制度看作是现行法律和行政法规的有机补充，并通过不断完善追责制度，将国家的各项法律规范落到实处。

而被追责的责任主体如果认为追责不公或是违法，可以通过司法程序向相关上级机构申请行政复议，也可以向法院申请行政诉讼，以司法手段来维护自己的合法权益。要明确规定在做出行政追责处理决定前后，赋予责任主体以陈述和申辩的权利。特别是对于主动引咎辞职的领导干部，可以予以适当安排并建立跟踪机制，对进步较快、在新的岗位上做出成绩的可根据工作需要予以提拔使用，努力形成一种领导干部既能上能下，又能下能上的良好机制。

第四节　规范责任追究运行程序

一、责任追究程序的环节

依据《关于实行党政领导干部问责的暂行规定》，安全生产责任追究程序应包括以下四个环节：一是责任追究的启动程序，责任追究机关应于做出受理决定之日起三个工作日内，成立调查组；二是安全生产责任的调查认定程序，责任追究决定机关根据单位人员管理权限对相关事件进行调查，然后由责任追究决定机关领导班子进行集体讨论，整合认定责任追究对象的归属，从而保证责任认定的正确性和科学性；三是责任追究的回应程序，要启动完善纪检、监察、组织和人事责任追究处理协调机制，会商探讨整合处理意见，避免重大失误的发生，确保责任追究的公正性；四是追究的申诉程序，有权力，就要有救济，调查结果要与追究对象本人见面并听取其陈述申辩，并且可以依法在规定时期内提出异议，再进行处理。

二、责任追究程序的保障

在安全生产追责制度中，首要的运行环节是对责任主体有无行为失范的事实判断，以及是否需要启动安全生产追责机制。这是运行安全生产追责的首要条件和基本前提，也是构建安全生产追责制度中最为关键的一个环节。这是因为，并非所有的行为失范行为都要通过追责来追究行政责任。另一方面，安全生产追责又不能仅仅局限于重大伤亡事故的责任追究上，而更应该包括行政机关及其行政人员的隐性失职、决策失误和其他一些领域的"延时"等问题和事故。

行为失范问题的发现有赖于常态化的责任监督机制有效地保障：一是一套科学的、精确的责任标准体系。有了这一体系，任何行政行为都可以放在其中，并以具体化的指标或参数体现出来，从而准确有效地认定该行为是否属于行政失范行为，即是否需要启动追责机制。二是广泛的参与主体。来自各个领域的代表可以提供覆盖面较广的信息，反映较为深刻和广泛的问题。广泛的公众参与对于安全生产改革领域中问题的发现这一环节尤为重要。只有社会各个领域和阶层的公众群体，才最了解改革进程中产生的问题，最了解法律、法规和政策在基层的执行状况。因此，公众理应成为安全生产改革的动力源和信息反馈源。三是一个完整且相对独立的协调机构。通过建立这样一个可以将现有的和新创建的监督机构统一组织起来的协调机构，并对其上报、反馈的信息进行综合分析，能够从更深刻更宏观的视角去审视和挖掘安全生产改革中产生的问题和难点。

加快推进追责制的法治化进程，把安全生产追责与依法行政结合起来。要构建完善安全生产追责的法律依据，通过构建完善的法律依据，规范追责主体及其权力，确定行政追责客体、规定行政追责事由、完善行政追责程序明确行政追责方式。要健全组织法制和程序规则，保证追责机关按照法定权限和程序行使权力、履行职责。要研究把安全生产追责制纳入法治化轨道，切实做到有权必有责、用权受监督、违法受追究、侵权要赔偿；推行安全生产追责制要与宪法、国务院组织法的规定相衔接，并有所区别；要进一步减少行政执法层级，完善执法程序，优化执法环境，提高执法水平。

第五节 实施责任追究清单

安全生产责任追究存在主体多元、事项复杂以及追责周期较长等特点,这给责任主体及其责任份额的认定带来了不少困难。就当前我国安全生产责任追究的现实而言,以建立"责任清单"和"追责清单"为切入点,把追责的制定、执行及其追责情况通过清单的形式加以规范,由此不断推进安全生产责任追究的可操作化,不失为破解问题的一种科学思路。

追责法治化的基本理念是权责一致,其具体体现就是权责罚相一致。其中,权力是一种行为能力,主要表现为控制能力;责任是一种行为要求,主要表现为合法要求;惩罚是一种行为评价,主要表现为否定评价。

就安全生产责任追究来说,实现权责一致,重点要建立与"权力清单"相对等的"责任清单"和"追责清单"。"权力清单"强调"应该做什么""不能做什么",法无授权不可为。"责任清单"强调"做了什么""做得怎样",法定职责要为。而"追责清单"是"权力清单"和"责任清单"的必要延伸,强调的是"什么人因什么行为应当承担怎样的后果",它要解决的根本问题是,当安全生产责任追究制的制定、实施及其结果出现与"权力清单"和"责任清单"规定所不相符的行为时,该如何追究责任主体的责任。

通过建立"权力清单""责任清单"和"追责清单",并把三者对接起来,有利于促成职责的统一、前程控制与后程控制的统一、责任追究惩戒职能与预警倒逼机制的统一,有利于推动安全生产责任追究的常态化、规范化。此外,清单制尤其是"责任清单"和"追责清单"对于责任追究事项的梳理、记录、公开等,使得决策责任主体与责任份额的辨识变得更加容易,确保安全生产责任追究依据更加充分、程序更加规范。通过清单制建立以"明责、查责、对责追责"机制为核心的履职行为可追溯体系,确保履职行为全程留痕、全程监控、全程可溯,使原本模糊的责任变得清晰,为事后倒查追责提供了书面依据,有效破解了责任追究的发现难、查证难、处理难等问题。

一、编制"责任清单"与"追责清单"

建立安全生产责任追究"责任清单"和"追责清单"制度是政府治理的一个创新,相关理论探讨和实践探索尚处于起步阶段。"权力清单"制度的试点工作开展相对较早，相关经验可以借鉴，但由于清单属性及规约方向不同，这一借鉴也是相对的。编制"责任清单"和"追责清单"是建立安全生产责任追究清单制度的中心环节，也是进行责任追究和责任倒查的前提基础。

围绕监管事实编制"责任清单"，用以明确责任主体和细化责任份额。主要内容包括：标明监管事项，明确项目名称、承办单位、实施单位以及时间期限等；标明监管目标，明确监管项目的经济效益、社会效益及政治影响；标明监管主体，明确行政首长、主管部门、直接责任人、间接责任人及其责任份额；标明监管程序，明确监管建议、公众参与、专家论证、风险评估、合法性审查、集体讨论，以及方案批准、报备、执行、监督与评估等环节的操作流程，及其直接责任人与参与对象。

围绕责任结果编制"追责清单"，用以明确追责对象和责罚标准。这主要包括：标明责任类型，明确何种责任，如行政责任、法律责任以及道德责任等；标明追责机构，根据责任的不同类型明确追责机构，如立法机构、行政机构、司法机构以及专业协会等；标明追责对象，根据"责任清单"中的监管主体，明确主要追责对象、次要追责对象以及连带问责对象等；标明追责程序，明确责任追究启动、调查、取证、决定、审理、送达、申诉、公开等流程及其实施机构；标明责罚标准，联系决策目标，明确责罚依据尺度及其形式；标明追责期限。

尽管"责任清单"和"追责清单具有不同的规约指向，但两张清单是一个相互承继而非彼此分立的过程，而且，追责实践也需要两者的整合对接。

二、实施清单制度的关键在执行

清单的执行是清单制度转化为现实效力的关键，也是安全生产责任追究的保证。在此过程中，有三个问题需要引起重点思考。

法理依据，它指向的是清单执行的"合法性"问题。安全生产涉及重大社会公共利益且影响面广，其责任追究关涉的权利义务关系也较为复杂，因此务必严肃审慎。清单问责制度相关事项设立、标准确定以及责罚认定等都需要在法律上做统一规范，因此为了避免清单编制与执行陷入无章可循的境地，就要推动追责依据的法理化。就当前安全生产立法现实而言，可考虑整合、完善现有的地方性、条理性规章制度，出台一部全国性的安全生产责任追究法律，用以指导安全生产责任追究相关制度机制的设计与运行。

执行机构，它指向的是"谁来执行"的问题。一个相对独立的执行机构是确保清单制度得以有效执行的关键。当前我国安全生产责任追究基本上是一种"同体等级"的问责模式，即在政府机构内部由上级机关来追究下级机关的责任。综合我国现有的地方性安全生产责任追究办法来看，可借鉴西方发达国家经验，设立监督专员制度，提升我国现有监察部门的独立性与专业化水平，把该机构原有的行政监督职能与责任追究以及清单管理执行职能融合起来，使追责由纯粹后程控制转化为全程化、常态化控制。

执行手段，它指向的是"执行的方式方法"问题。安全生产责任清单的编制、核查、公开、存档以及调取等工作需要方法手段的创新，在现代信息技术快速发展的今天，引入大数据的思维与方法，推进清单追责制度的智能化与"智慧化"，将成为一种趋势。

第六节 建立科学的容错机制

安全生产监管离不开创新。但创新存在着风险与失误。面对安全生产的严峻形势，如果各种责任主体在严厉的安全生产责任追究制面前顾虑重重、缩手缩脚，必然会影响监管效果；面对追究制中的责任不清等问题，如果没有科学的容错机制，必然会影响创新动力和监管活力。因此，建立新常态下的安全生产容错机制势在必行。

一、容错机制的内涵

（一）容错机制的定义

容错是计算机行业的专业术语，即指发生一个或若干个故障，程序或系统仍能正确执行其功能。其功能指三方面内容：一是约束故障，防止故障影响继续扩大；二是检测故障；三是恢复系统。如当计算机出现"程序未响应"的情况时，几秒钟后会恢复正常状态，这就是容错机制在发生作用。

从上述定义来看，容错机制应当包括纠错的过程，而不是简单的宽容错误。国务院《政府工作报告》中提出的"建立健全容错纠错机制"后，"容错"被逐步应用到管理领域。目前行政管理方面的容错机制通常指：在创新发展过程中，宽容改革创新者在探索性实践中出现的错误和偏差，通过相应的机制，控制风险的进一步传播，及时纠正错误和偏差，保证事业的健康发展，并对相应的责任人实施豁免。

（二）容错机制的基本内涵

1. 容错的基本前提是坚持依法秉公用权

这里的"错"不是一般性的违法乱纪，而是依法秉公用权中的"探索性偏差"和科学决策基础上的"探索性失误"。所谓依法，即符合法律法规和政策规定，反之，则为违法或违纪。以依法与否来准确区分失职与失误、敢为与乱为的界限。所谓秉公，即不以谋取私利为目的，反之，则为徇私或腐败。以秉公与否来准确区分负责与懈怠为公与为私的界限。只有在"依法"和"秉公"范围内的"偏差失误"才可能得到合理包容，才可能不作负面定论或从轻减轻处理。

2. "容错"是为了更好地"纠错"

出台容错机制的同时，也应该强化"纠错机制"。任何人、任何政策都无法做到先知先觉，一旦行为不当或决策不正确，就应该由纠错机制来发挥作用。容错不是出于偏袒或护短，而是让责任主体卸下精神包袱，直面矛盾和问题，根据矛盾的普遍性和特殊性及时调整实践方案和工作思路，努力实现预期目标。容错是一种化解潜在问题和矛盾的缓冲机制，而不是无目的、无原则、无根据的包庇和纵容。

3. 坚持"他者容错"与"自我纠偏"的权责统一

容错的主体主要是权力组织部门及其法律制度依据，而不是当事人的自我解脱和责任推卸。纠偏的主体主要是行为当事人，而不是指向相关组织领导部门。

（三）容错机制是运用法治思维来破解难题的微观制度装置

对于什么样的"错"能"容"，不是某一领导说了算，而是要根据相应法律法规和政策规定。建容错的法规机制及其评价指标，对偏差失误的程度做出明确的规定。关于"错"究竟如何来"纠"，不能由当事人说了算，而是要严格遵循法律法规和政策规定。对偏差失误的具体评判要依据"法"，如何具体纠错改正也要遵循"法"。针对不同类型、领域，层次，对于纠错改正的责任主体、基本依据、纠偏进度、过程考核、奖惩举措、保障机制等予以明确规定。推进容错机制的常态化，不是短期个别之举，需要在法律制度和政策规定的基础上，探索一些微观机制来落地生根，从而形成安全生产治理法治化的标签。

二、构建科学的安全生产容错机制

（一）安全生产容错机制构建原则

1. 依法容错原则

划清容错机制的制度条款与法律法规、地方领导干部安全生产责任制规定，使之与这些条款不存在悖论和冲突，让容错机制与法律法规之间相互配合，相得益彰，从而保证容错机制长期稳定发挥作用。责任主体因不可抗力，导致未达到预期效果或造成负面影响和损失，符合以下条件者可减责或免责：法律法规没有明令禁止、符合中央和本地政府决策部署、经过集体民主决策程序、没有为个人或单位谋取私利、积极主动采取措施消除影响或挽回损失的。

2. 对象"三个区分"原则

把责任主体在推进改革中因缺乏经验、先行先试出现的失误和错误，同明知故犯的违纪违法行为区分开来；把上级尚无明确限制的探索性试验中的失误和错误，同上级明令禁止后依然我行我素的违纪违法行为区分开来；把为推动改革的无意过失与为谋取私利的故意行为区分开来。这"三个区分"实际上提供了对安全创新中，出现错误或失误的性质进行客观公正的辨别与区分的标准，明确了哪些错误和失误是可以纳入容错机制的,哪些错误和失误是要接受处罚的,从而清楚地划分容错机制的适用范围和排除标准。

3. 与纠错有机融合原则

容错与纠错不可相互分割。容错本身要有纠错的功能。当错误出现后,首先要约束错误,防止错误的影响继续深化;其次还应有必要的补救措施,发挥纠错功能,使工作朝着正确的方向发展,并保持政策的连续性。因此,在构建容错机制的过程中,要把容错与纠错有机融合起来,形成科学的容错机制。建立健全民主决策机制、负面清单制度、监督机制、纠错机制、免责机制、激励机制等,一旦发现错误,立即启动纠错程序,阻止错误的继续扩散,并及时纠正错误,使创新性实践活动沿着正确的方向发展。

4. 鼓励创新原则

最大限度地调动责任主体的积极性、主动性、创造性,激发创新活力。在推进安全发展的过程中,难免会因为安全发展的客观规律等因素的影响,以及由于对这些规律认识不足而出现一些差错,如果没有必要的保护措施,创新者的积极性、主动性、创造性就会受到挫伤。因此,需要一种科学的容错机制来允许试错、犯错、改错,能够鼓励和保护改革创新者,激发他们的创造活力。

(二)安全生产容错机制的制度设计和制度安排

1. 建立健全民主决策机制

建立健全民主决策机制,对探索性的重点工作进行风险评估,组织民主决策,就是要尽量避免重大决策失误,从而使创新性实践活动在正确的轨道上进行;

2. 建立负面清单制度

就是明确什么是禁止的,什么是可为的。这样,在创新过程中就可以依据负面清单,依据"法无禁止皆可为"的原则,进行大胆尝试,提高创新实践的效率;

3. 建立监督机制

就是确立监督主体,并对创新实践者及创新过程进行监督制约和控制,减少创新失误的概率;

4. 建立纠错机制

包括错误预警、错误识别、错误应急反应、错误认定、纠错效果检验等机制,就是要及时发现、纠正创新过程中的错误,减少试错给经济社会发展造成的损失;

5. 建立免责机制

包括免责条件、对错误或失误性质的认定、容错免责组织认定等程序,对容错主体实行免责处理,就是要对改革创新未达到预期目标,或者造成负面影响和损失的,只要是在容错范围内的,就实施免责。

6. 建立激励机制

就是要对探索性创新实践主体进行免责，免责即激励，在此基础上，还可以通过一定的形式对创新实践予以鼓励。

7. 容错机制确立后

还应将容错机制的组织架构运行流程、实施细则、免责条款、适用对象等详细内容公开发布，一方面彰显国家宽容探索性失误、包容尝试性失败鼓励大胆创新的主张，另一方面也能起到调动全社会监督和参与改革实践的热情，进而为改革创新事业营造环境，赢得广泛舆论支持的作用。

三、厘清容错机制与追责制之间的关系

（一）容错机制与追责制之间的主要区别

1. 目的不同

追责制主要是为了加强对责任主体的管理和监督，增强责任主体的安全风险与责任意识，更好地履行安全生产的主体责任，不断提高安全管理水平。而容错机制主要是为了激发和保护责任主体，特别是改革创新者的热情，为改革创新者撑腰，让创新者放开手脚大胆干，从而推动社会的安全发展。

2. 针对性不同

安全生产追责制主要是对决策严重失误、工作失职、监督管理不力、滥用职权、对重特大事故处置不当等行为造成重大损失或恶劣影响的予以追责。从这些追责的内容来看，与容错机制的限定是不相悖的。容错机制的"错"是指在探索性实践中出现的非主观性的错误，是政策、法律法规所允许的范围内的错误。这种探索性实践不是改革创新者随心所欲地实践，是在一种科学的决策机制下、一定的制度框架内的实践活动；这种探索性实践是因缺乏经验、先行先试出现的失误和错误，而不是明知故犯的违纪违法行为，是上级尚无明确限制的探索性实践中的错误，而不是上级明令禁止后依然我行我素的行为，是为推动改革的无意过失，而不是为谋取私利的故意行为。只有在这样的约束条件下改革创新者发生的错误或偏差才可以受到宽容和免责处理，才适用于容错机制。可见，容错机制中这些错误和偏差所造成的影响不及追责制中的恶劣影响。

3. 处理方式不同

追责制的追责方式是责令公开道歉、警告、记大过、停职检查免职、开除等处分，是一种惩戒机制；而容错机制则是免责处理，是一种激励机制。

（二）理两者的关系，对于容错机制的构建具有重要意义

1. 有利于容错机制的政策稳定

容错机制主要针对由于错误而造成效率损失的情形。在探索性监管创新实践中，目标失当、措施不合理、执行过程中存在问题等都会导致效率损失。容错机制不仅仅宽容创新者的错误，而且要及时纠正错误、弥补损失，使监管朝高效前行。容错机制本身是个新生事物，在纠错的过程中，要通过错误预警机制、错误应急反应机制、错误认定、错误纠正效果检验等环节，尽可能地减少对社会安全的影响，需要对原有一些政策条款做相应的纠偏改正，不应该因试错而全盘否定经过科学决策的相关政策。

2. 有利于宽容文化氛围的培育

容错机制不仅需要构建科学的机制，更需要营造相应的宽容文化氛围。宽容文化呈现出来的是宽松、包容的氛围，有了宽松、宽容、和谐的干事业的环境，责任主体的积极性就会最大限度地被调动起来，从而推进安全主体责任的全面落实。

3. 有利于培育责任主体的担当精神

构建科学的容错机制，有利于责任主体消除不作为，不当作为、乱作为及慢作为等行为，推动全社会形成思想作为、敢作为、善作为的良好风尚，推动责任主体愿干事、敢干事、能干成事的良好氛围。当前，部分责任主体大胆创新、敢作敢为，在改革实践中取得了一些创新成果。

四、可以参考的容错内容

根据容错的内涵与原则，再结合与安全生产责任追究制的关系，可以对以下情形进行容错：在落实上级决策部署中出现工作失误和偏差，但经过民主决策程序，没有为个人、他人谋取私利，且积极主动消除影响或挽回损失的；在安全生产监管执法中，因先行先试出现探索性失误或未达到预期效果的；法律法规没有明令禁止，因政策界限不明确或不可预知的因素，在创造性开展工作中出现失误或造成影响和损失的；在安全生产监管执法中，因大胆履职、大力推进出现一定失误或引发矛盾的；在服务企业、服务群众中，因着眼于提高效率进行容缺受理、容缺审查出现一定失误或偏差的；因国家政策调整或上级决策部署变化，工作未达到预期效果或造成负面影响和损失的；在处置生产安全突发事故或执行其他急难险重任务中，因主动揽责涉险、积极担当作为，出现一定失误或非议行为的；在化解矛盾焦点，解决历史遗留问题中，因勇于破除障碍、触及固有利益，造成一定损失或引发信访问题的；工作中因自然灾害等不可抗力因素，导致未达到预

期效果或造成负面影响和损失的;按照事发当时法律法规和有关规定,不应追究责任或从轻追究责任的;在起草文稿、编发信息、公众号发布、调查研究等方面,因经验不足、考虑不周出现失误或偏差,但经过集体讨论或经上级领导审阅的;其他符合容错情形的。

第七章　安全生产监管的有效性

安全生产监管的有效性是指现有监管体系运行结果实现预期目标的程度。它包含两个基本特征：一是监管体系的有效性，即体系的组成要素如组织结构、程序、过程和资源，是合理的、完善的，且易于操作和评价的；组织的日常监管活动符合标准、体系程序及相关文件要求，而且紧密结合实际。二是监管运行的有效性，即监管运行平稳可靠，并且能够根据实际环境的变化，通过改进机制，不断提高其适宜性。要研究安全生产监管的有效性，就必须研究有效性的内涵、监管效益、评估手段和提高效率的途径。

第一节　安全生产监管有效性的内涵

一、安全生产监管有效性的表现

（一）安全生产监管有效性的内涵表现

1. 监管有效性是一种客观结果

有效性对于主体是一种有特定作用的可能性，这种可能性发挥出来就转化为现实性，该可能性和现实性都是客观的。有效性有具体的指向，具有方向性，该方向性是客观的。有效性具有一定的幅度，这些幅度也是客观的。有效性是监管功能发挥的效率，是监管功能发挥出来起到的客观效果与效益。这些效率、效果与效益都是各种监管作用于主体及其结果的客观状态。

2. 监管有效性是一种属性结果

监管的有效性体现的是一种客观的事实关系。管理的有效或无效是一种客观状态，是管理功能相关因素共同作用的事实关系。除主旨有效之外，还包含与有效相应的其他系列内容，如效向、效性、效度等。

3. 监管有效性是一种过程

监管有效性是一个过程，是监管功能发挥出来的过程，是监管功能的发挥对于主体作用过程和实际起到的效用监管有效性有一个客观的准备过程，它的前期准备阶段就是优化组合，这就是监管功能最大化的客观过程。监管有效性的实施是一个客观过程.是监管功能的发挥对主体实际起作用的客观过程。

4. 监管有效性是一种结果

监管有效性是一种结果，有效性是监管功能发挥的效率，尤其是该功能发挥出来对于监管组织起到的客观效果与效益。这些效率、效果与效益都是监管对于主体作用的客观状态。

（二）安全生产监管有效性的外在表现

1. 效率

在工作中，效率是指单位时间内完成的工作任务数，或者完成某一项工作任务所耗费的工作时间。在管理学中，效率强调的是怎样去做事才做得更快，注重的是方法的改进、手段的更新，以达到省时、速度快的目的。在执行监管各项职能的过程中，效率有其不同的表现形式，例如在信息获取与处理方面，效率表现为信息收集与处理速度快、收集量与处理量大；在决策过程中，表现为果断迅速；在决策之后，计划严谨周密，费时较少。在执行中，组织精简、人员精干，协调与沟通及时顺畅，反馈快捷，控制超前，等等。有效性的效率层面，要求监管者不断地改进方法、更新手段，加快进度或速度，做得更多更好。方法的改进与更新，是高效率的前提与关键，也是有效性的根据与本质所在。

2. 效果

效果是人们在客观因素的基础上经过主观努力而达到的预期结果。效果与效率是相互依存而又递进的关系：效果以效率为基础，是效率所达到的结果或所取得的成果。效率是效果的手段，要得到一定的数量，就要尽可能提高效率；效率是在监管过程中体现出来的进度、速度、进程等状态，效果则主要是在监管结束时展示出来的结果。效果在监管过程中会有所表现，但主要在活动结束后才逐渐显示出来。监管的效果，往往是一个逐渐显现、逐层递进且多方位影响的过程。

3. 效益

从经济学的角度看，是指监管投入给经营者及整个社会带来的经济收益；从社会学的角度看，主要是指通过监管活动使社会安全环境改善；从生态学的角度看，主要是指通过节约资源、减少事故，优化社会生态环境；从心理学的角度看，效益侧重于心理健康的客观效果，通过外在的心理工作或内在自我调适，变不良心态为健康心态；从生理学的角度看，效益侧重身体健康长寿，通过规范不安全行为实现生命不受损伤；从管理学的角度看，主要是指通过监管者履行各种职能，充分利用一切资源实现组织目标。监管效益的形式多样，它因行业不同、组织不同而各异。无论从什么学科、什么行业或什么组织出发，抑或从效益的某一形式出发，都有共同的根本点，这就是效益有其主体、客体与中介，都是一定客体借助一定中介对于一定主体的价值关系。这就是效益的价值论本质，也是监管有效性的价值论本质。

4. 效率、效果、效益的关系

监管有效性的本质内涵及其外在表现是相互依存、逐步递进的整体，这个整体外在的基本特征就是：高效率、好效果、高效益。三者关系既有区别，又紧密联系，表现在四个方面。

（1）三者的差异性：效率侧重于方法的改进；效果侧重于要素的组合与相互作用；效益侧重于主体需求。

（2）三者关系的或然性：高效率不一定有好效果，好效果不一定有高效益。

（3）三者关系的紧密性：效益以效果为前提，效果以效率为前提。有效率就有一定效果；有效果就有一定效益，效果是效率与效益的中介。效益是效率与效果的统一。

（4）三者关系的整合性：监管有效性各层面本质是一个有待整合的系统。整合的基本原则是以效益为导向、以效果为目标、以效率为手段。

二、安全生产监管的效向

（一）安全生产监管的效向的内涵

1. 监管效能向是由有效性的本质特征决定的

它的方法论本质特征决定了监管朝提高效率的方向发展，这就构成监管有效性的方法论效向。它的因果逻辑关系本质决定了监管朝着决策与计划的预期结果努力，预期结果即效果就是前进的方向。努力的方向。多因结合，做正确的事，获得好效果，这就构成监管有效性的逻辑学效向。它的价值论本质决定了它的效益总是指向价值主体的，为一定价值主体而争取一定效益，这就是监管有效性的价值论效向，也就是它的价值取向。

2. 监管效能向是由价值主体的需要决定的

监管有效性的价值主体总是多层面的，这些价值主体的需要是多种多样的。主体及需要不同，有效性的效向也不同，这是导致其效向多样性的根本原因。再次，复杂多变的环境影响将导致监管有效性偏离预定目标的特定方向，出现效向的变化，这是效向及其变化的外在环境的原因。

（二）监管效能向的分类

1. 同向

是指监管的有效性指向同一方向，就是监管效向的一致性、同一性等。

2. 导向

是指监管有效性不同价值主体及其不同需要的不同指向，是指监管效率向的差异性、异向性。这种异向性主要表现在以下几个方面：

（1）同一效向的主效向与次效向的差异性。主效向是指监管的有效性针对的是价值主体群中的主要成分，针对的是价值主体中的主体。或者说是核心主体，尤其是主要群体和核心主体的主要需要。次效向是指监管的效用是指向主要主体的次级需要，以及次级主体的需要的效向。

（2）同向与反向的差异性。同向是指诸多效向指向同一方向的共向性，反向是指效向行进方向相反，表现为诸多效向的对立性．相反效向的并存性等。有上级对于下级作用的效向，这种效果向可称为下行效向；与此相反，上行效向即对上级负责，向上级汇报等。同向可能显示员工同心协力，团结一致，凝聚力强的效果，但也可能出现多人或多措施同向的离心效果。反向只是效向相反而已，并非坏向、负向。它可能是上下同心、左右协力的好效果．也可能预示离心离德的分离，分裂效果。所以，要具体分析是什么性质的同反与反向的效向。

（3）全效向与偏效向的差异性。全效向是指监管全面公正的所有效向，一般是指对所有员工有效、有利的效向，至少是对大多数员工有力有效的效向。偏效向则指突出个别人、个别单位局部利益的效向。某一管理方案、改革措施如果对广大监管者都有利。有效，该效向属全效向正效向。如果只对少数人或个别单位有利、有效，一般属于偏效向。全效向全面、公正、无私，惠及大多数人，这既有古代"大同"理想的遗风，更有当今社会主义的特征，是人们所追求与向往的。但因条件所限，要调动特定单位、特殊群体的积极性，也只得采取特定的偏向项措施了。全效向因其全面难以时时奏效和处处奏效；偏效向因其偏而难以全面铺开和同步前进，各有利弊。只能因时、因事、因地、因人、因情而异，采用切实可行而有效的效向。

效向的同向与异向的区分是有条件的，但不是绝对的，两者在一定条件下是可以相互转换使用的。

三、安全生产监管的效性和效度

（一）安全生产监管的效性

所谓效性，就是效应、效果、效用的价值性质，是指效应、效果、效用对于价值主体是否有价值，是正价值还是负价值等。有效是指监管对于主体有好的效果，带来了一定的效益。从方法论的角度看，有效就是提高了工作效率。从逻辑学的因果关系看，有效就是经过一定努力达到了预期结果。从价值论的角度看，有效就是有了收益，对于主体有一定价值。总之，有效是指有效性中的较高的效率、较好的效果和可观的效益。无效是指监管措施在实行中没有成效，效率没有提高，效果没有改善、效益没有增加。这表现在一项新的监管措施没有得到贯彻执行，或在贯彻执行中受到阻碍，或者贯彻执行了，但效率、效果、效益没有明显变化。无效并非零效，只是没有增效而已。

监管的效果、效益存在着正与负、好与坏的性质区别。正效即正面的效果与效益，是指监管有好的效果，有一定收益。正效体现的是监管呈现出来的正面的积极的效用，是一种正价值。负效则是指监管的某些措施或做法产生了负面影响，起到某些负作用，具有一定的负面效应。如有的效率提高了，对于某些主体及需要有某些作用，但减少了某些主体的收益，影响了他们的积极性等。从总体上看，负效是监管中效率的下降，是一种负价值。当然，正效与负效的区别是相对的。在监管中特定措施起作用的性质是不同的。对有的主体有正效，对另一些可能有负效。两者区分的相对性：相对于某些特定的监管措施；相对于特定的群体及其特定的心理与需求；相对于特定的时间、地点与条件等；指在一定条件下，两者可能相互转化，原来为正效者变为负效，原为正效者，可能有某些负效。因此，要辩证地看待两者的关系，弘扬正效，抑制负效，化负效为正效。

（二）安全生产监管的效度

所谓效度，是指有效性的大小、幅度、程度等量的规定性。对有效性的效度分析，就是对它进行定量分析。

1. 监管有效性的效度分类

（1）分析监管的有效性，要计算它数量的多少。从效率看，监管者工作效率的高低，可以模糊的量化表述为高效率，也可以单位时间完成工作任务数等方式进行精确计算。从效果看，可以模糊地表述为"巨大的效果""成效显著"等，也可以一定计量单位精确地描述与计算。从效益看，经济效益可以精确描述；社会效益与生态效益等也可精确计量并描述出来。

（2）分析监管的有效性，要分析它在一定时段内的增加幅度，即增幅多少。增幅可模糊地表述为大幅度的增加，但一般要具体量化，与上时间段相比增加了多少，增长了百分之几。

（3）按有效性的程度不同，可以把监管的有效性分为高效度、中效度、低效度等不同的层次。高效度是指有效性程度较高或增幅较大。低效度则与之相反，中效度介于两者之间。

（4）按有效性持续时间的长短，可把它分为长效性与短效性，在监管的相关机制中，长效性机制习惯地称之为长效机制。与之对应也有紧急状态下的临时的短效举措。

（5）按效度变化情况，可把监管有效性的变化分为急增型、递减型、停滞型、迟缓型等不同类型，急增型是指出某些原因使某些因素及其效果迅速增长，此种类型的效应，可称为速效型或速效。递减型是指由于某些原因，某些效率、效益有逐渐下降的现象。停滞型是指监管有效性增长不多，增幅不大，在原有基础上徘徊的局面。这种类型的效率、效果、效益可统称为滞效型或滞效。迟缓型是指监管的某些措施的见效周期较长。这种类型的效应可称迟缓效应，也可称为迟效型或迟效。

2. 监管有效性的定量分析

对监管有效性进行量的分析，即分析有效量的多少，增幅的大小，程度的强弱，见效的快慢、持续时间的长短，这是研究监管效应的侧重点。分析监管有效多层面的本质及效向、效性。效度有其重要意义。揭示和把握监管有效性的方法论本质，有利于提高监管的效率。剖析与把握监管有效性的逻辑性本质，有利于遵循监管的效向，按监管过程的因果规律实现组织目标。阐述监管有效性的价值论本质，有利于监管者注重客体的价值关系，明晰监管有效性的效性，提高它的效益、效度。

四、影响安全生产监管有效性的因素

（一）监管主体与监管客体

1. 监管主体

是指具有监管科学知识和技能、拥有相应权力、从事监管活动的监管者。在监管活动中，监管主体是主导的因素。影响监管者管理行为的因素都必然波及监管的有效性。其因素可概括为两大类。

（1）监管观念。观念是一种无形地支配人们行为的意志，它作为人们判断事物的标准决定着监管者的行为。监管者在作出决策、制订计划、谋划未来时都必然会基于某种观念，如，他能以适应外界变化的观念去制定策略，就可能得到较好的效果，否则，只能在实践中失败。

（2）管理者的知识与能力。对一个现代监管者来说，应具备一定的社会科学知识及丰富的监管科学知识。监管能力的内容相当广泛，包括监管者的观察能力、思维能力处理问题的能力等，概括起来主要应有专业技术能力，人事组织能

力和综合分析能力。

2. 监管客体

是指进入监管主体活动领域的人或物,是监管活动中不可缺少的因素。一般是人、财、物、时间和信息五种形式,人、财、物是监管客体的基本形式。这里,人是指被监管者。由于监管有效性是通过被监管者本身及其行为后果反映出来的,因此被监管者的观念、素质及行为便必然影响监管的有效性。

(二)监管手段和监管环境

1. 监管手段

监管手段是监管者在监管过程中所直接使用的设备,主要指监管工具,当今尤以计算机为重点。它不仅能节省劳动力,更为重要的是它能迅速、及时、准确地处理信息。监管手段自动化已成为管理现代化的重要标志之一。

2. 监管环境

监管环境主要指国家、社会、市场等非生产经营单位所属的系统,包含着政治、经济、技术、文化、社会等因素。这些因素都不同程度地影响着监管的行为和效果。尤其当外界处于不规则的非线性变化状态时,其影响力就更大。

第二节 安全生产监管效益与增值分析

一、安全效益分析

（一）安全效益的特性

经济效益是指"投入与产出"的关系，即"产出量"大于"投入量"所带来的效果或利益。随着生产技术的发展和事故及危害严重性的增长，安全对于生产的经济作用日益明显，安全经济效益的概念得到了普遍接受。安全的经济效益是安全效益的重要组成部分。安全效益具有间接性、迟效性、长效性、多效性等特性。

1. 安全效益的间接性

安全不是直接的物质生产活动。安全的经济效益是通过减少事故造成的人员伤亡和财产的损失来体现其价值的。这种客观后果，一方面，使社会、企业和个人遭受的损失得以减少，实现了间接增值的作用；另一方面，由于保护了生产的人、技术和设施，间接地促进了生产的增值。安全的效益是从物质资料生产或非物质资料生产的过程中间接地产生的。某些安全的费用不是直接投入物质生产资料的生产过程，而是投入安全保障的过程。但是，这种过程的结果，能间接地为社会取得经济节约和促进经济生产的作用。

2. 安全效益的迟效性

安全的减损作用并不是在安全措施运行时就能体现出来的，而是在事故发生之时才表现出其价值和作用。但是安全投入活动不能等到事故发生之时才"亡羊补牢"，而是超前预防，防患于未然。因安全效益有一定的滞后性，安全投资的效益回收期较长。

3. 安全效益的长效性

安全措施的作用和效果往往是长效的，不仅在措施的功能寿命期内有效，在措施失去"功能"之后，其效果还会持续或间接发挥作用。安全教育措施的功效，也不是在当时当事起作用，接受安全教育获得的知识、技能，将会受益一辈子。

4. 安全的多效性

安全保障了技术功能的正常发挥，使生产得以顺利进行，从而直接促进生产和经济的发展；安全保护了生产者（人员），并使其健康和身心得以维护，从而提高人员的劳动生产率，取得经济增长的作用；安全的措施使人员伤亡和财产的损失得以避免或减少，减"负"为"正"，直接起到为社会经济增值的作用。安全措施的经济效果更多的不是直接地从其本身的功能中表现出来，而是潜在于安全过程和目的的背后。安全的目的主要是指人的安全与健康，而人的生命与健康是很难直接用货币来衡量的。从形式上来看，安全所直接体现的意义并不是经济的。

（二）优化安全效益的过程

要实现安全效益的最优过程，应用安全经济学的理论和方法是非常必要和重要的。用比值的概念，安全经济效益 E= 安全产出量 B/ 安全投入量 C；用"利润"的概念来表达安全的经济效益，从而得到下面"差值法"公式：安全经济效益 E= 安全产出量 B – 安全投入投入量 C。

上面的两种形式都表明：首先，"安全产出"和"安全投入"两大经济要素具有相互联系、相互制约的关系。安全经济效益是这两大经济因素相互联系和相互制约的产物，没有它们就谈不上什么安全经济效益。因此，评价安全经济效益，这两大经济要素缺一不可。其次，用"利益"的概念所表达的安全经济效益，表明了每一单位劳动消耗所获得的符合社会需要的安全成果；安全经济效益与安全的劳动消耗之积，便是安全的成果，而当这项成果的价值大于它的劳动消耗时，这个乘积便是某项安全活动的全部经济效益。这种结果和经济效益的概念是完全一致的。最后，安全经济效益的数值越大，表明安全活动的成果量越大。所以，安全经济效益是评价安全活动总体情况的重要指标。

二、安全增值分析

（一）安全增值的内涵和体现

安全增值是指安全对经济生产的正贡献，这是"安全是生产力"作用的体现。安全的生产力功能通过三个方面来实现：首先，职工的安全素质是生产力，即对于一个工人，提高其安全素质不仅是提高其防范事故的能力，重要的还在于其安全素质的提高能够提高其生产的工效，体现在工人生产操作过程中的安全高效，就能实现生产力作用；二是生产资料中包括安全设施、装置、设备等，生产资料是生产力，显然安全设施、设备等起着完成生产力的作用；三是安全对于技术创造的安全环境，保证了生产技术功能的实现，因此，也从中间接体现生产力的作用。

（二）安全增值的贡献率

按安全增值产出计算的"贡献率法"：安全增值产出 B= 安全的生产贡献率 × 生产总值。可以看出，关键的技术问题可影响安全生产的贡献率的确定。确定安全生产贡献率一般有以下方式。

1. 根据投资比重来确定其贡献率

如安全投资占生产投资的比重，或安全措施经费占更新改造费的比例，以其占比重系数，作为安全增值的贡献率系数取值的依据。例如，生产投资对应有生产的产值，可根据安全投资占生产投资的比重，从生产产值中划出安全的增值产出。这种处理方法，使安全的增值产出计算较为简单、可操作性强。但存在计算出的结果较为粗略的缺点，并要求在安全投资是合理的前提下才能采用。

2. 采用对安全措施经费比例系数放大的方法来计算安全的贡献率

其思想是：更新改造作为扩大再生产和提高生产效率的手段，对生产的增长作用是可以进行测算的，可从更新改造活动的经济增长作用中，根据安全措施费所占的比例划分出安全贡献的份额，作为安全的增值量。由于安全投资不只是安全措施投资，因此还需要考虑其他方面的投资，其计算则是在更新费占用比例的基础上，根据其他安全投资的规模或数量，用十放大系数对更新改造费用确定的系数进行适当的放大修正，作为安全的总的贡献率。

3. 采用统计学的方法进行实际统计测算

即对事故的经济影响和安全促进经济发展的规律进行统计学的研究，在掌握其"正作用"和"负作用"本质特性的基础上，对其安全的增值"贡献率"作出确切的判断。这种方法必须建立在较为完善和全面的安全经济理论基础上才可能进行。这是一种较为合理，科学的方法，但目前还未提出可操作的具体步骤。

第三节　安全生产监管有效性的评估

一、建立对安全生产监管有效性的整体评估

安全生产监管政策的实施有可能产生正面和负面的经济、社会和环境影响，比如监管机构对生产经营企业水污染物排放的监管能够保证区域内环境不被破坏，人们能够饮用安全的水，保证经济的可持续发展，但是监管机构必须因此付出相应的监管成本，也会给生产经营企业带来一定的经济负担。在这种情况下，权衡利弊就成为政府监管的一项重要任务，如何在降低安全风险的同时尽可能提高监管过程中资源配置的效率，以最少的资源投入达到监管目标。

安全生产监管评估就是对安全生产监管政策出台前的可能性影响和实施后的实际影响进行全面而系统评估，其目的就是为了确保监管政策的出台能够符合政府安全生产监管的目标，表明其已经考虑到所有主、客观因素，并适当衡量了其对安全生产领域的影响，最终证明此项安全生产监管政策的正当性，从而为监管政策的修订和矫正提供参考。特别是对安全生产监管改革政策的比较评估十分重要，前置型评估在改革政策出台和执行前用以决定是否选择这一特殊政策，之后在改革到位的情况下进行总结性评估，再次测量同样参数，提供改革前后的比较数据，尽可能表明在投入，单位成本等参数上发生的各种变化都是因为改革本身而不是环境中的其他因素造成的，以决定这项改革是否继续执行或进行相应的改进和提高。这样可以对改革政策是否成功提供客观评价的依据，避免因急于推进改革产生的盲目或试图在改革失败后推卸责任。

二、安全生产监管评估的标准与模型

安全生产监管有效性评估主要有四个标准：能否做到耳熟能详；能否在实际操作中应用；能否获得实际效果；能否影响到他人。其中最基本的是耳熟能详。其评估包含两项工作：形成性评估与总结性评估。评估可选择四级分析模型，其具体内容是：反应评估，即监管结束后对监管工作的满意度调查；学习评估，主要检测对比在监管前后应用安全知识和技能的变化；行为评估，在监管后实施追踪观察和记录，依据一些统计参数体现行为变化；成果评估，计算监管产生的效益与影响，依据一些统计参数如伤亡率等，得出监管前后的损失状况。

三、安全生产监管评估的内容

安全生产监管评估的内容主要包括以下几个方面：监管目标的阐述，描述待解决的监管问题以及针对其制定的监管政策的总体目标，总结性评估还要论证取得的成效是否与目标吻合。只有目标清晰才可能在任何需要的情况下去评估与此目标相关的过程、方法和产出等。所涉群体的确定，列举受监管政策影响的群体，包括可能受益的企业和个人、可能的成本承担者，以及所涉群体的意见是否得到征询和回应；所有方案的列举，即列举能够解决问题的所有方案，包括监管措施和其他可替代方案；成本收益分析，即针对以上所有方案进行成本收益分析，包括实际和潜在的收益和成本；最终监管方案的选择，即根据成本收益分析的结论，尽可能选择净收益最大的方案，但同时必须说明为什么不选择其他能够以更低或同等的成本达到同样监管目标的可替代方案。

四、安全生产监管有效性评估的方法

（一）目标评估法、比较评估法

1. 目标评估法

目标评估法主要采取比较分析方法，通过对绩效与标准的对比，来确定机构或项目是否实现预期要求或目标，这是在客观条件和投入变动不大的情况下，对绩效进行比较粗略的评价的方法，也是一种被广泛采用的方法。

2. 比较评估法

有效性评估是一种确定与被评价者评价活动相关的活动领域比较好的方法，把它作为进行评价的标准，并将被评价者的活动或目标实现情况与之相比较，看其在多大程度上符合这个参照标准。比较评估法包括因素比较与结果比较，反映的是监管活动的效益和效率。

（二）因素分析法、工作标准评估法

1. 因素分析法

因素分析法是在目标评价结果的基础上，对目标实行全面评价，分析对目标实现产生影响的各种因素的影响程度。没有实现的主要原因是行政组织或行政人员的主观因素，还是由于客观条件没有具备。通过这种分析，发现影响目标实现的问题所在，以便有针对性地提出解决办法。

2. 工作标准评估法

工作标准评估法是以监管工作为中心、以被评价者的工作活动为评价点，分析评价被评价单位工作活动与工作标准之间的差异。在具体评价过程中，要以工

作性质和职务岗位说明为依据，按照其标准和要求程度对工作人员的工作进行评价。

（三）调查评估法

调查评价方法既可收集信息，也可进行绩效评估。通过对与机构或项目有关的人员的调查，可以了解到被评价者编报的绩效报告无法提供的信息，也可以了解到被评价者被监管活动的实际效果。采用此法，需要事先编制比较全面的调查问卷，并将问卷发放给相关人员，以了解其对被评价者绩效的看法。从调查方法看，可采用普查和抽查两种方法。

从调查对象的选择来看可采用公众调查和专家调查两种方法。

第四节 提高安全生产监管工作的有效性

在科学监管理念的指导下,追求监管的有效性势在必行。具体体现在要突破传统监管的模式,使全面监督向重点监督转变。事后监督向事前预防转变,结果监督向过程监督转变,不断提高监管的有效性。"有效性"的重要标志是防患于未然,把事故苗头消灭在发生之前而不是产生之后。与此同时,实现监管的低成本.高成效。只有全面分析并掌控各种不安全因素发生的环节、地点、过程、时机,才能变被动为主动,运筹于帷幄之中,决策于千里之外。这就需要监管者找准安全生产监管工作的切入点,运用科学监管的新思维、新方法、新体系,合理地优化配置各种管理资源,以最低的监管成本取得最高的工作效率。

一、建立监管信息资源共享体系

分析我国近年来安全生产信息资源共享情况,其中有很多需要改进的地方,而在需要改进的原因中,笔者认为,其中的一个关键性问题是我国安全生产监管部门信息资源共享的机制还远未建立起来。在信息时代,安全生产监管已经成为基于信息资源的管理,信息资源共享已经是一个事关安全生产监管是否有效的大问题,而且是一个每时每刻都在发生、都在产生实际影响的经常性问题。而要彻底解决这样一个根本性的、经常性的涉及多种复杂社会关系的问题,要依靠"机制"的力量,也就是尽快建立真正反应客观规律性的、完善的安全生产信息资源共享机制,安全生产信息资源共享才能成为安全生产监管部门自觉、自愿的行为,才能成为安全生产监管部门始终不渝追求的目标和结果。

二、完善监管制度并加大查处力度

安全生产监管工作是保证各行各业实现安全生产最根本的管理方式.方法,也是实现各行各业安全生产的关键。安全工作绝非一种简单的命令或强制手段就能够奏效的,但没有制度的建立和严格执行,安全生产绝不可能搞好。对于安全监管而言,需要保证制度建立时有效;制度建立后执行有力。这两个方面应更多地倾向于对特定行为的允许或不允许。至于制度建立的基调和执行的意愿等问题,由安全文化建设来完成。监管工作的一个主要职能,就是为了预防事故。要实现监管效能的最大化,就要加大对在监管中发现的各种安全生产违法违规行为的查处力度。对生产经营单位及其有关人员在生产经营活动中违反有关安全生产的法律、行政法规、部门规章、国家标准、行业标准和规程的违法行为严惩不姑息。

三、处理好安全生产监管与创新的关系

要厘清安全生产监管与创新的关系，把握创新与监管的原则，营造创新的新环境，做到在创新中监管，在监管中创新，构建创新与监管的新格局，适应安全发展新常态。创新是在规范基础之上实现与时俱进的重要形式，是对规范内涵与外延的扬弃与升华。当原有的工作平台不能或不足以支持变化了的环境因素时，就需要变革，并在新的更高层面上构建新的平台，如此循环往复，不断提高监管水平。规范强调的是基础性，稳定性，创新强调的是突破性、科学性，没有规范，创新难以进行，没有创新，规范不能长久。要不断营造创新法治环境，完善安全生产的法律体系，加强适应创新的监管立法体系建设；要不断营造创新市场环境，鼓励创新依托并服务于市场需求；要不断营造创新社会环境，建立健全信用体系和中介服务体系，搭建创新综合服务平台，推动创新规范发展。

四、加强安全生产监管的协调

安全生产监管的协调主要表现在四个方面：一是流程的协调。若各类安全业务监管流程所包含的信息不能可靠地流入监管流程，则有效监管无从谈起。二是组织之间的协调。各级组织之间的安全管理已较为成熟，但从安全监管的视角来审视这些业务，对其真实性和合理性进行评价．改进时双方沟通则显得不够，不可避免地影响到监管的深度，延误提高监管的时机。三是为保持与外部先进思维和模式同步的协调，安全管理与监督应处于同一起跑线，要有效地实现上述协调，应抱着"不怕暴露问题"的态度，毕竟问题的发现始终出现在问题难以解决之前。四是安全监管部门要积极探索安全生产综合监管的科学方式和有效途径，完善联合执法机制，着力解决突出问题和矛盾；凝聚各种积极力量，服务于生产经营单位的安全生产。

第五节　安全生产监管内部效率的提高

安全生产监管从来都不是也不可能是浑然一体的。分工的专业化、对象的复杂性以及利益的多元化都会影响安全生产监管机构内部的效率，如何灵活有效并协调一致已成为提高安全生产监管效率的关键。

在越来越复杂、依赖性越来越高、专业化分工越来越精细的现代社会，安全生产监管依靠单一部门已经不可能实现综合治理目标，安全事务的错综复杂性和相互关联性决定了多个监管部门存在的必然性，每项风险因素几乎都对应着一个主管部门。安全生产监管的这种横向制约功能，意味着很难建立一个具有各方面专业知识和专业技术的综合部门来实现监管目标。

以食品安全监管为例，依据《国务院机构改革和职能转变方案》，整合相关部门组建国家食品药品监督管理总局，以加强食品药品监管工作，但实际上质监局还是要负责食品包装材料、容器、食品生产经营工具等食品相关产品生产加工的监督管理；工商部门仍要负责医药广告的监管；农业部门负责农产品质量安全监管。由此，企业行为究竟是否属于食药监部门的权限范围仍然会有争议。

同时，法律的有限性不可能使所有监管部门的职责权限完全清晰明确，空白、重叠和冲突不可避免，而追求监管效用最大化不仅是市场主体同样会是监管机构行事的根本原则。监管政策的执行最终要落实到具体部门和具体公务人员，因此，为了减少监管行为碎片化产生的内耗和掣肘，提高安全生产监管效率，监管部门间的协调一致至关重要。

一、强化弹性与灵活化监管

弹性政府治理模式强调的设置虚拟组织和短期工作小组的方式，可以尝试更多地应用于安全生产监管领域。在安全生产监管过程中，以短期工作小组或临时任用制度在一定程度上替代设立拥有固定永久权力的部门和机构，更多利用或临时雇用非政府机构和半政府机构开展工作，能够精简机构、节省开支以及灵活应变，减少部门间的对立冲突。例如，雇用专业的社会评估机构对企业生产安全进行日常评估鉴定和特定事故调查。统一制定出指引安全生产监管所涉部门行动的正式或非正式的规则及一整套规范，通过互联网或电子平台进行松散的联系和沟通，使之分工合作、相互配合，协同一致地实现行政目标和提高整体效能。但无论短期工作小组还是虚拟组织都无长期固定场所和正式机构,必须注意在涉及的政府部门、半政府部门和非政府组织间的责任分担问题。

二、强化监管机构间的协调一致

良性互动的议事协调机制包括信息沟通、风险评估、综合治理、联合执法、事故预防、培训教育等多个方面,具体工作内容和协调方式主要包括几种类型:定期或不定期的例会、联络员会、协调会等制度,部门之间可以彼此交换信息,对有争议的问题进行讨论,并通过联合发文制度实施管理行为,为避免会议决策缺乏权威性和执行力,上级主管领导的参加尤为必要。同时,为使沟通更具操作性和针对性,机构负责人和具体问题责任人要同时出席。

联合协议或备忘录制度,是就综合或单项安全监管问题形成的部门间协议,内容包括部门间协调的指导原则、职责分工、信息收集与交流、工作机制四部分,以解决部门间及地域间的职能交叉与冲突;固定机构组织协调工作,这种固定协调机构可以是长期的,也可以是临时的如就某一问题成立的领导小组,特点是由特定机构主导化解问题;联合信息发布制度,要求涉及安全生产监管政策或事故调查等公开信息应由各部门共同会商统一对外发布,避免部门间因互相冲突影响权威性和公信力。

需要注意的是,无论弹性灵活的监管方式还是多样化的沟通机制,安全监管多部门协调一致的关键在于彼此合作的主观意愿程度而非技术能力,多元利益的存在又使这种合作动力严重缺失,以考评奖惩制度来保证执行力尤为重要。安全监管机构间协调配合情况如何需要由上级部门进行动态评估,动态跟踪考评对象和考评结果,除了对各监管部门工作的考核,还要对这一地区整体安全监管工作进行综合绩效考察,对良性行为进行奖励,对只追求部门或个人私利而背离组织或整体利益的行为予以处理等。

三、强化柔性与激励性监管

将具有天然效率的市场机制应用于公共行政,这在安全监管领域更为重要,生产经营单位有关安全生产方面的技术水平和努力程度更具专业性和隐蔽性,被监管企业的信息优势就会更加明显。激励性监管方式由监管机构给予生产经营企业以信息指引,通过具体的能够产生经济利益的奖励来正面诱导生产经营单位行为,使其主动放弃隐瞒优势信息,转而选择监管部门所期望的行为,这不仅能够消解生产经营单位与监管部门对立的反向力,而且能够激励生产经营单位正向地改进安全生产技术的动力,使生产安全的水平或标准更为提高。另外,柔性监管方式通过引导、协商、指导等形式实现监管者与生产经营单位间的积极互动，在更为平等的地位上相互沟通达成一致目标，增强了监管决策行为的正当性和可接受性。

参考文献

1. 黄剑波.应急管理与安全生产监管简明读本［M］.长春：吉林人民出版社，2020.
2. 谢雄辉.突破安全生产瓶颈［M］.北京：冶金工业出版社，2019.
3. 邹贵亮.安全生产 责任追究研究［M］.天津：天津科学技术出版社，2018.
4. 詹瑜璞，詹士杰.中外安全生产法比较研究［M］.北京：知识产权出版社，2019.
5. 沈斌.基于社会责任视角的安全生产管理及"双赢"模式研究［M］.南昌：江西科学技术出版社，2018.
6. 沈开举，王钰.行政责任研究［M］.郑州：郑州大学出版社，2004.
7. 李广斌.行政问责制研究［M］.西宁：青海人民出版社，2008.
8. 张贤明.论政治责任民主理论的一个视角［M］.长春：吉林大学出版社，2000.
9. 李小三.履职之源［M］.南昌：江西人民出版社，2011.
10. 联合课题组.政府履行职能方式的改革和创新［J］.中国行政管理，2012，（7）.
11. 向风行.不作为、不善为、乱作为的表现、原因及对策建议［J］.领导科学，2015，（13）.
12. 卢智增，庞志华地方政府生态责任追究机制研究［J］.社会发展，2015,（5）.
13. 叶中华.容错纠错机制的运行机理［DB］.人民论坛网，2017-09-22.
14. 刘占虎.准确理解容错纠错机制［J］.理论与实践，2016，（7）.
15. 刘召.责任追究应引入"清单制"［N］.学习时报，2015-05-11.